단조와 함께 한 나의 인생

단조와 함께 한 나의 인생

강남석 지음

기술을 사랑한 한 엔지니어의 이야기

머리말

나는 공과대학 기계공학과를 졸업한 공학도다. 뉴턴이나 아르키메데스처럼 물질의 원리를 발견하여 정리로 내세울 수는 없었다. 더더구나 노벨과학상은 꿈도 꾸지 않았다. 옛날에는 기술자도 노벨상을 수상할 수 있다는 생각을 가진 때도 있었다. 그렇지만 기업에 종사하면서 뉴턴의 만류인력의 법칙으로, 압력과 속도와 질량 등을 이해하면서 포탄을 만들어 국가가 원하는 시기에 필요한 양을 개발하고 생산하여 정부는 국방력을 비축하고 우리 회사는 기업에 이윤을 남겨 사회에 봉사하는 데 나의 자그만 힘으로 일익을 담당해왔다.

아르키메데스의 원리를 이해하면서 유압프레스를 이해할 수 있었다. 그래서 '단조와 프레스를 사랑하는 사람'이라고 나의 메이저 기술을 뽐내곤 했다. 유압프레스는 펌프를 사용하여 기름hydraulic oil의 압력을 높이고 유압실린더로 보내면 직선 운동을 하는 힘이 발생한다.

"유체 속에서 물체가 받는 부력은 그 물체가 차지하는 부피만큼 해당하는 유체의 무게와 같다." 이를 식으로 나타내면 다음과 같다.

$F = -\rho Vg$

(F: 힘, ρ: 유체의 밀도, V: 유체에 잠긴 만큼의 물체의 부피, g: 중력 가속도)

이런 원리로 유압프레스를 잘 알게 되었고 단조를 수행하는 장비로 사용했다. 단조로 물질을 다루려면 힘이 있어야 우리가 원하는 모양으로 성형할 수 있다. 유압프레스와 단조 공정은 불과분의 관계다.

이 책의 초반부는 어릴 때 진남철공소에서 배운 기반기술에 관한 내용, 사회 첫 직장에서 좌충우돌하는 내용이 중심이다. 무조건 열심히 일을 배우고 기술을 익혀가던 시절의 기술적 에피소드를 중심으로 써 나갔다. 이치부니링고모(0.125인치)를 이해한다든가, 철도 차량의 중요 부품의 하나인 밸브를 생산하던 일화, 자동차부품 생산 그리고 60밀리미터 박격포 탄체를 구상화 주철로 개발하면서 방위산업에 잠깐 접촉해보기도 한 일들 등이다. 작업 표준 등 표준화를 많이 이뤄내야 했던 산업화 초기 시절의 공장 근로자들의 모습도 그려져 있다.

중반부는 방위산업체로 회사를 옮기면서 내가 다뤄야 하는 산업 현장의 패러다임이 완전히 바뀌는 내용을 기술했다. 새로운 환경에서 정부과학연구소 박사님들을 접촉해야 되고 제품 생산은 시작부터 표준화가 되어야 투입이 가능하고 모든 것을 정부의 통제와 승인을 받아야 한다. 모든 도면과 규격서는 영어로 되어 있으니 번역하고 승인받고 사내 규격화하고 기술행정 업무도 만만치 않았다. 기안이라는 제도 속에 아이디어가 있으면 문서를 작성하여 사내 결제를 받아야 되니 업무의 양도 많지만 질이 문제다. 공부를 열심히 했다. 조직에서 부하가 생겨나니, 나도 어려운데 가르치며 일을 시켜야 되는 이중고에도 부닥친다. 그렇지만 바쁜 만큼 재미와 보람도 느끼고 새로운 부품과 탄약을 개발하면서 성취감도 느낀다.

미국에 출장 가서 신규 개발 탄약에 대한 기술 도입 프로젝트에 참여하고, 방산전시회에 참관하여 정보도 가져오고, 특수제품을 정부 도움 없이 개발해 소유주로부터 사랑도 받아보고, 진급도 하고, 임원이 되어 조직을 이끌면서 회사 손익의 주역이 되었다.

종반부는 정년퇴직 이후의 이야기다. 민수 기업에서 나의 메이저 기술인 단조로 자동차용 알루미늄 휠을 생산하여 부가가치를 높이는 일들을 했다. 용탕단조로 개발한 알루미늄 단조 휠은 현재 고속도로에서 안전하게 달리고 있다. 그리고 CNG 실린더, LPG 용기 등 자동차용 압력용기를 생산하고 플랜트 수출 계약을 하는 등 다양한 업무들의 내용을 기록했다.

퇴직 이후에는 책을 많이 읽었다. 벌써 수천 권을 열심히 읽었는데 기술자가 무슨 책읽기냐고 할 수도 있지만 읽지 않았던 책을 읽으니 좋은 점이 한두 가지가 아니다. 물론 예전에 야후 블로그에 올려놓았던 이 글도 한국 야후가 없어져 집에 모아둔 글이다. 이렇게 출간하게 된 것도 책을 많이 읽고 독자가 읽을 수 있게 원래의 초고를 다듬을 수 있었기 때문이다. 가장 기억에 남고 자랑스러운 나의 이야기는 최신 탄약을 개발하여 이탈리아에 가서 동종업체의 시험포를 사용하여 품질을 인증한 서류를 받아 정부에 제출하고, 업체 자체 개발 승인을 받고 양산하게 된 프로젝트다. 평생 잊지 못할 것이며 업체에서는 기술력도 급상하고 군의 전력 향상에 큰 획을 그을 수도 있었다.

이 책이 독자에게 어떻게, 얼마나 다가갈지는 모른다. 나는 엔지니어다. 있는 그대로 썼고 이런 종류의 글은 어디서도 찾기가 힘들 것이다. 끝으로 책이 나올 수 있도록 격려를 아끼지 않았던 글항아리 대표와 편집장에게 감사를 표한다.

2025년 3월

수원, 나의 글방에서

강남석

차례

2부 | 기술을 다루다

3부 | 기술을 넓히다

1부

기술을 만나다

1.
선반에서 볼트의 홀수·짝수 나사내기

쇠장이, 기름장이라는 말이 있다. 공업이 발달되지 않은 시대, 농촌에 농기구가 보급되면서 기계를 정비하는 기술자들이 필요해졌다. 이때 하나둘 농촌에 나타난 기술자를 쇠장이, 기름장이라 불렀다. 우리 고향마을에서는 그랬다. 일제강점기 때 일본에서 기술을 배워왔거나, 나이가 좀 많은 쇠장이, 도회지에 있는 기계공장에 취직해서 초급 기능기술을 배운 기름장이들은 농기구를 수리하는 일로 생업을 꾸려나갈 수 있었다. 자신이 가진 기술이 최고였고, 못 고치는 것이 없는 그러나 그들도 진남철공소와 같은 회사가 있어야 취직하여 동네 처녀들에게 선망의 대상이 될 수 있었다. 왜냐하면 월말이면 월급을 받는 기술자이니 돈 구경이 어려운 시골에서는 당연히 인기가 있을 수밖에 없다. 그러니 시쳇말로 잰다.

요즘은 기술이 엄청나게 발달했다. 자동화된 수치제어 선반CNC Lathe이 볼트의 원자재인 봉 소재에 순식간에 나사내기 threading 작업을 해낸다. 옛날엔 어땠을까? 1950년대 중반 진주시 문산면 시골에 있는 진남철공소의 구닥다리 선반에는 자체 모터가 없었다. 엔진이 없는 자동차와 같다고나 할까? 시동을 걸기 위해서는 외부에서 원동기를 돌리고, 주 회전축을 높은 천정에 설치한 다음에야 선반을 돌릴 수 있었다. 선반lathe은 밀링milling 머신과 함께 가장 오랜 역사를 지닌 공작기계다. 선반과 밀링은 주축을 통해 벨트로 동력을 전달 받는다. 이를 옛날 현장용어로 '피대선반皮帶旋盤'(자체에 전동기가 따로 붙어 있지 않아 전동축에 걸린 벨트로 동력을 전달받아 돌아가는 선반)이라고 했다. 자체는 간이 클러치를 이용하여 동력 입출을 제어한다. 주축 회전수는 고정되어 있으며 이 회전동력을 받아 나사를 깎아내거나 드릴링을 하는 장비였다. 자동차에도 쓰이는 트랜스미션을 사용하여 선반의 회전수를 조정했다.

선반은 공작기계 중 가장 역사가 길고 많이 사용되는 대표적인 기계다. 모즐리가 근대적인 미끄럼공구대가 붙은 선반을 완성한 후, 사람이 바이트를 사용해서 하던 작업을 기계로 대체할 수 있게 되었다. 또한 기계동력으로 선반을 운전하면서,

변환기어 등을 사용하여 나사 깎는 작업은 물론 각종 기계부품을 정밀하게 가공할 수 있었다.

선반의 주요 구성요소는 베드·주축대·심압대·왕복대·공구대·이송장치다. 주축대와 심압대 사이에 가공물을 고정시키고, 회전운동을 주축대로부터 받도록 설계되어 있다.

홀수나사란 1인치 너비의 나사 산수가 홀수인 나사를 말한다. 반대로 짝수나사는 이것이 짝수다. 구형 선반에서 나사를 가공하는 방법이 다르다. 주축에 소재를 고정 회전하고 공구대가 소재 방향으로(왼쪽) 이송하며 가공하고 원점으로 돌아와 이를 반복하여 나사의 골 가공을 완성한다. 짝수나사 가공은 무작위로 방향을 바꾸면 되는데, 홀수나사 가공은 리드 스크루에 장착되어 있는 다이얼의 표시 점을 같게 해야만 올바로 가공된다. 인문계 고등학생이었던 나는 그 작업원리를 이해하고 숙련하는 데 오랜 시간이 걸렸다. 그 원리를 완벽하게 숙지하고 소화시키지 못하면 나사의 '골'이 아니고 나사의 '산'을 만들어버리므로 불량품이 되고 만다. 불량품은 아무 데도 쓸 수 없다.

산업혁명 초기에는 기계가 해당 공장에서 직접 제작되었지만, 점차적으로 기계를 제작하는 산업이 독립적인 영역으로 발전하기 시작했다. 여기에는 공작기계 산업의 아버지라 불리는 헨리 모즐리Henry Maudslay(1771~1831)의 역할이 컸다. 모즐리는 브라마의 조수로 공작기계의 세계에 입문했고, 1791년에 세계 최초의 금속제 선반을 만들었다. 1797년에는 정교한 나사 절삭용 선반을 개발했으며, '로드 챈슬러'라는 극미량을 측정하는 기구인 측미계micrometer도 선보였다. 그는 자신의 이 자랑스러운 발명품에 챈슬러 경Lord Chancellor이라는 이름을 붙여주었다. 그는 포츠머스 조선소, 리치몬드 호, 템스 터널에도 자신의 이름을 남겼으며, 많은 제자를 양성해 공작기계 산업의 일가를 이루었다.

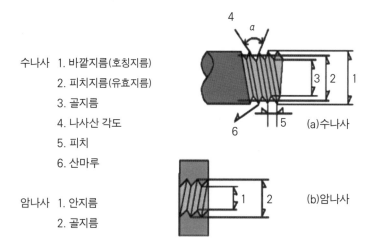

수나사 1. 바깥지름(호칭지름)
　　　　2. 피치지름(유효지름)
　　　　3. 골지름
　　　　4. 나사산 각도
　　　　5. 피치
　　　　6. 산마루

암나사 1. 안지름
　　　　2. 골지름

| 수나사와 암나사의 모양

시골에서 농기구 수리를 위한 자영업을 하는 직업은 기업이라기보다는 동네 아저씨들이 같이 모여서 고장 난 농기계를 수리도 하고 부러진 호미를 용접하기도 하고 때로는 먹고 사는 이야기를 나누는 카페 같은 곳이다. 그러니 동네에 한 곳뿐인 진남철공소는 제대로 돈벌이가 되지도 않고 사장이라고 해봤자 인심 좋은 동네 이웃일 뿐이다. 그렇지만 진남철공소의 사장인 우리 아버지는 기술만큼은 이 동네에서 최고였다. 시쳇말로 못 고치는 게 없었고, 못 만들어내는 게 없었다. 아버지는 장남에게 기술을 가르치고 싶었지만 어머니는 이를 반대했다. 아들을 공부시켜 대학까지 보내야 한다는 게 어머니의 뜻이었다. 다행히 아버지는 어머니의 간절한 소망을 받아주셨다. 그래서 나는 진주에 있는 중학교, 고등학교에 다니면서 공부할 수 있었다.

그래도 방학 때는 봐주지 않았다. 긴 겨울방학이 시작될 때면 나의 철공소 시다 생활이 시작되었다. 공부해서 대학도 가야 하지만 아버지 혼자서는 일손이 많이 부족했다. 그래서 여러 가지 기술을 배우게 되었다. 전기용접, 산소용접, 선반가공, 밀링가공 및 홉빵가공(기어가공) 등의 기술이다. 당시로서는 생계가 급하면 조그맣게 하나 점포를 차려도 되는 기술이었다. 아는 기술이 많아졌다는 것은 내 입장에서의 이야기고 진남철공소 사장님의 생각은 전혀 달랐다. 그저 시다발이(꼬붕, 부하)에 불과하다. 그래도 나는 좋다. 쇠장이 아들인 것이 좋다. 가끔 데모도(도우미) 역할을 할 때 아버지가 "와 이리 티미하노(멍청하냐)"라며 망치로 때리려는 시늉을 할 때면 깜짝 놀라기도 했다. 그래도 나는 아버지를 존경했다. 나의 아버지이고 무엇보다 기술이 너무 좋았기 때문이다.

2.
자동차 바디 브래킷 전기용접(아크 용접)

농사와 목축으로 생업을 꾸려가는 시골에서 태어나고, 산에 가서 땔감 주워오고 소몰이하다가 시내의 상급학교에 진학하고, 대학까지 가는 게 쉬운 일은 아니었다. 초등학교는 시골 동네에서 다녀도 문제가 없다. 혼자 자신을 돌보지 못할 때니 부모님 슬하에서 다녀야 한다. 상급학교라면 중학교부터인데 이때부터는 키도 제법 크고 사리 판단을 혼자서 할 수 있다. 그래서 도시에 있는 학교에 가야 하는데 어떻게 해야 하는지 가이드를 주는 사람도 없다. 대개의 부모가 자식이 글자나 떼고 나면 공부는 더 하지 않았으면 했던 시절이다. 먹고 살기가 어려울 때니 하숙비며 등록금이며 돈이 많이 들어가는 중학교에 보낼 수가 없었다. 나도 마찬가지였다.

1960년에 있었던 이야기다. 자유당의 3·15 부정선거로 4·19 혁명이 터지고 온 나라가 난리법석이었지만 시골은 조용하기만 했다. 진주에서 마산 방향으로 뻗어 있는 국도는 문산 면내의 사거리를 통과하게 되어 있었다. 이 큰 도로를 끼고 진 남철공소가 있었다. 차가 제법 지나다니는 큰 도로 바로 옆이라서 언제든 손님이 들곤 했다. 저녁밥을 먹은 늦은 밤이든 새벽이든 누군가 문을 두드리면 일어나 손님을 맞이해야 한다. 그날 밤에도 유리창을 두드리며 주인을 찾는 목소리가 들려왔다. 근처를 지나던 트럭 기사였다. 문을 열어주니 바디 브래킷에 균열이 생겼으니 용접으로 때워달라고 한다.

당시만 해도 우리나라에서 굴러다니는 자동차들은 거의 고물들이었다. 상상도 못할 만큼 열악해서 고장이 발생하면 뜯어서 고치고 임시변통으로 용접하여 다시 몰아야 하는 형편이었다. 철공소를 운영하는 입장에서도 고장 난 그들의 트럭을 고쳐야 되는 상황이 자주 발생했다. 차량 정비소가 제대로 없으니 철공소가 그 역할을 대신하는 것이다. 이가 없으면 잇몸으로 때우던 것이 당시 우리의 인정이고 풍습이었다. 아버지가 잠깐 출타해서 안 계실 때는 까까머리 고등학생인 나라도 트럭 밑으로 들어가야 했다.

브래킷이란 자동차에서 차체 등 비교적 커다란 부품을 장착하거나 받치기 위하여 설치되는 연결용 부품을 말한다. 차 밑으로 들어가 플래시를 비추고 금이 간 곳을 확인한 다음 전기용접기로 용접을 해야 한다. 피복된 전기 용접봉을 플러스극에, 마이너스극은 차대에 어스earth[접지]시켜서 발생하는 전기 아크를 이용해 용접하는 방식이다. 내가 용접 자격증이 있는 것은 아니지만 아버지 일을 거들면서 눈으로 보고 배운 기술이 조금은 있었다. 어떡해야 하나 망설이는데 기사 아저씨가 "고마 니가 해도고. 지나 댕기면서 보니까 니도 기술자드마"라고 사정하신다. 결국 차 밑으로 용접기를 들고 들어갔다. 어머니는 행여나 잘못해 아들이 다치는 일이 벌어질까 옆에서 안달을 하신다. 브래킷에는 온통 검댕이 묻어 어디에 금이 갔는지 보이지도 않았다. 수건에 시너를 묻혀 깨끗하게 닦아내니 그제야 연결 부위에 금이 간 것이 보인다. 다행히 균열이 크지는 않았다. 전기를 연결하고 불꽃이 몇 번 튀고 다행히 용접이 무사히 끝났다. 비용으로 5000원을 받아 어머니께 드렸다. 안전하게 일이 끝나서인지, 아들이 건네주는 돈을 받는 어머니의 얼굴이 확 피셨다. 나도 우쭐하는 마음이 들었다.

잠깐 어머니에 대한 이야기를 해보자. 자식을 오늘까지 키워낸 어머니가 우리 어머니만은 아닐 것이다. 딸만 낳다가 아들을 낳아 나에게 신경을 많이 쓸 수밖에 없었겠지만 어릴 때 나는 병치레를 많이 해 별의별 보약을 다 지어 먹이고 몸에 좋은 음식을 많이 먹여도 타고나길 약골이라 사흘이 멀다 하고 아팠다. 무당을 불러 굿도 해보고 심지어 굿하는 사람을 잠시 모친으로 모시면 효과가 있다고 해서 그렇게 해보기도 했지만 마찬가지였다. 그렇게 골골하던 것이 나이를 먹으니 뼈대가 굵어지고 살도 붙어 어머니는 한시름을 놓으셨다. 건강해진 뒤부터는 공부도 곧잘 하고 성격도 외향적으로 바뀌었다고 한다.

내가 중학교에 올라갈 무렵 아버지는 서울로 돈벌이를 가셨다. 어머니의 친척이자 같은 문산 출신의 기술자가 서울에서 자동차 차체를 만드는 공장을 운영했는데, 거기 공장장으로 취업이 되신 것이다. 1년 동안 서울에 계셨는데 그래서 진남철공소는 어머니가 시동생(작은아버지)과 운영하게 되었다. 그 무렵 나는 초등학교 6학년이 되어 내년에 중학교에 진학해야 하는데 아버지는 안 계시니 어머니가 담임 선생님과 진학 상담을 했다. 당시 우리 동네는 면 단위여서 중학교가 하나뿐이었지만 30리만 가면 진주시에는 중학교가 많았고 서부 경남의 명문교인 진주중학교가 있었다. 진주에는 육촌 형제도 많이 사는지라 어머니는 아들이 꼭 진주중학교에 가야 한다며 원서를 써달라고 하셨다. 하지만 담임 선생님은 낙방하면 1년을 쉬어야 하고 나의 실력으로는 합격이 애매한 상태이니 그냥 동네

중학교를 보내자는 입장이었다. 결국 어머니의 고집이 이겨 나는 우리 초등학교에서 5명의 지원자 중 한 명이 될 수 있었다. 이런 사정을 알고 있으니 어린 마음에 집안 눈치도 보이고 좌불안석의 날들이었다. 시험 당일 무척 긴장했으나 다행히 공부한 것이 문제로 출제되어 어찌나 기쁘던지 눈에 눈물이 핑 돌 정도였다. 시험에 합격해 어머니를 실망시키지 않을 수 있어서 참 다행이었다. 진주중학교를 졸업하고는 진주고등학교까지 다니게 되었고, 지방 명문이었던 이곳에서 열심히 공부해 서울의 대학에 갈 수 있었으니 당시 어머니의 확고한 마음이 지금의 내 인생을 결정지은 것이나 다름없다고 나는 생각한다.

그즈음 아버지가 돈을 벌어 귀향하셨다. 아버지는 돌아오시자마자 진남철공소를 확장하셨다. 인원을 보충해 공작기계를 전문으로 다루는 기능직 3명과 도우미 1명 그리고 작은아버지, 경리 아가씨와 영업 담당 아저씨까지 직원이 모두 7명으로 늘어났다. 이제 명실공히 기업의 모습을 갖췄다. 나는 방학 때 잠깐씩 일을 도울 뿐 그 외의 시간에는 공부에 전념할 수 있었다. 그렇다고 내가 무슨 문학이나 철학을 꿈꾸고 공부한 것은 아니었다. 진남철공소에서 울려 퍼지는 쇳소리를 듣고 기름 냄새를 맡으면서 나는 기계공학과에 진학해 고급 기술을 배우겠다는 꿈을 키우기 시작했다.

지금 생각해보면 공부도 많이 하지 못한 시골 어머니가 나를 어떻게, 왜 진주중학교에 진학을 시켜야 한다는 생각을 가지신 것인지 궁금해진다. 진주에는 5촌 아저씨들이 많이 살고 있었다. 그러니 농협이다, 제재소다 하여 취직을 해서 월급을 받아서인지 어린 내가 보아도 부자처럼 보였다. 그를 통해 어머님께선 도시에 사는 사람들의 정보를 확보하고 친척들과 대화를 통해서 방향 설정을 굳히고 담임 선생님을 설득할 수 있었던 것이다. 그 일이 오늘의 나를 만들었다.

3.
트럭 타이어 분리하고 펑크 때우기

시골에서 도시로 유학을 가면 혼자서 의식주를 해결해야 한다. 생활에 여유가 있는 집안이라면 학교 근처에서 전문적으로 운영하는 하숙을 구하면 되지만 그렇지 않을 경우 다른 수를 내야 한다. 가장 많은 형태가 친척 집에 기대는 것이다. 친척 집에 여유 있는 방이 있으면 쌀 한 말(20킬로그램)이면 숙식이 해결된다. 당시 쌀 한 말이면 상당한 경제 단위는 되었던 모양이다.

중학교 때부터 진주에서 학교를 다녔기 때문에 나는 오촌 아재 집에 얹혀 지냈다. 내 또래의 육촌 형이 있었는데 같이 친구가 되기도 하고 내가 다니는 학교의 상급생이라면 보디가드 역할은 기본으로 받을 수 있다. 물론 어머님이 주고 가신 한 달 용돈으로 형을 사귀는 것이다. 이렇게 대처로 나오면서 사회생활을 배우고, 외로움도 느껴보고, 부모님의 고마움도 알게 되고, 친척끼리의 관계를 알아간다. 고등학교에 진학하면서는 친척 집에 계속 하숙하기는 힘들다. 물가도 오르고 친척의 자식들도 커가니 각자 공간이 필요하고 나도 조금 더 독립된 공간이 필요한 시기를 맞는다. 그래서 전문 하숙집으로 옮기게 되었다. 방학이 되면 진남철공소에서 아르바이트를 한다.

카센터에 가서 타이어 펑크를 정비하는 것을 보면, 타이어 탈착기라는 기계에서 아주 쉽게 휠과 타이어를 분리하는 것을 볼 수 있다. 그런데 진남철공소에는 탈착기 장비가 없어 수동으로 분리해야 한다. 트럭의 타이어는 중량물이다. 고등학생이 힘을 써서 하기는 힘든 일이다. 항상 야간이 문제다. 주간에는 학교에 있을 시간이니까 이런 일을 하지 않는다. 하지만 야간에 지나가는 트럭이 철공소 문을 두드리면 잠을 자다가도 일어나서 열어야 한다. 펑크 수리비에 비해 너무 많은 힘이 소요되는 작업이지만 문을 열고 나가 기사 아저씨의 고민을 풀어줘야 한다. 이것이 당시 우리의 인심이었다.

펑크를 때우려면 휠과 타이어를 분리하는 작업이 전체 소요 시간의 90퍼센트를 차지한다. 1960년 무렵 자동차산업이 본격 태동하기 전이라 오래된 차량들이 많고 부품 공급 또한 어려워 몇 번이나 수리를 해가며 써야 한다. 그러니 타이어는 휠에 녹다시피 붙어 있으니 수동으로 분리하는 데 더욱 시간과 힘이 소모된다. 분리된 타이어 속에는 고무로 된 튜브가 있는데 수동펌프로 공기를 주입하여 빵빵하게 만든 다음 물에 담그고 새는 곳을 찾는다. 거품이 뽀글뽀글 올라오는 곳에 접착제를 사용하여 고무판을 조그마하게 오려 붙이면 된다. 이 과정에서 가열된 철판으로 오래 누르고 있어야 접착이 잘된다. 파스가 난 튜브는 짓눌리고 찢어져 조직이 상한 상태이니 넓은 고무판을 붙여야 하고 나름 고도의 기술이 필요하다.

휠과 타이어 분리는 힘든 작업이다. 오래 사용한 타이어는 열과 압력으로 압착되어 있다. 지면에 놓고 큰 해머로 분리된 림 주위를 따라 360도로 돌아가며 계속 쳐내려야 한다. 힘없는 소년이 지치면 트럭 기사 아저씨도 거들어야 한다. 땀을 뻘뻘 흘리는 동안 휠과 타이어 사이에 틈이 생기면 그사이에 물을 붓고 넓고 끝이 뾰족한 모양의 공구를 끼우고 계속 해머로 쳐서 분리 작업이 끝나면 나도 기사도 지쳐버린다. 조립은 역순서로 하면 된다. 튜브를 타이어 안에 조립한 뒤 휠 위에 타이어를 놓고 360도를 돌면서 사람이 밟기도 하고 해머로 쳐서 맞춘다. 림(끝이 분리되어 있는 철제 링 모양)을 두드려 조립하고 공기를 넣으면 펑크 수리는 끝이다. 그리고 타이어를 트럭에 부착해야 모든 작업이 끝난다. 어떤 기사 아저씨들은 자신이 이 모든 과정을 직접 하기도 한다.

요즘은 트럭 타이어가 튜브리스다. 즉 튜브 없이 타이어 자체가 공기압을 버텨낼 수 있도록 설계가 되었으니 타이어가 찢어지면 다른 것으로 교환해야 된다. 그렇지만 진남철공소 시절에는 타이어가 내부 튜브를 필요로 하는 구조로 되어 있었다. 일반 벙커는 튜브의 공기 새는 곳을 찾아서 수리하여 조립하면 되는데 타이어가 찢어지면 내부에 사이즈에 맞게 가공된 타이어를 대고 볼트로 고정시킴으로써 튜브 벙커만 때워지면 계속 사용할 수 있다. 어떻게 보면 수리해 쓸 수 있으니 경제적이라고 생각할 수 있다. 자원이 부족하고 경제 여건이 열악할 때이니 자동차를 제대로 정비한다는 것이 쉬운 일이 아니었다. 중고 타이어에 파스가 난 부분을 때워 쓰니 그 부분은 타이어의 강도가 약해 타이어에 무리를 해서 속도를 낼 수도 없다. 그렇지만 수송 여력이 딸리니 밤을 새가며 운전하다보면 대형사고로 이어질 수도 있다. 자원이 부족하고 열악한 상황에서 국가의 경제 성장을 위해 여러 분야에서 몸부림하는 현실을 타이어 펑크를 수리하는 현장에서도 나름 느낄 수 있는 것이다.

나는 기술자 아버지의 기를 받아 공과대학 기계과를 목표로 하고 진주에 있는 인문계 고등학교를 다녔다. 그리고 열심히 공부해야 하는데 본의 아니게 밤이면 지나가는 트럭의 타이어 펑크도 때웠다. 기계를 전공해 우리에게 필요하고 편리한 기계를 만드는 공학자가 내 꿈이다. 밤하늘을 보면 참 많은 별이 보인다. 그러면 저 별에는 누가 살까 생각하면서 밤놀이를 하던 시기도 있었다.

누나가 생각난다. 우리 형제 중에 제일 큰 대장이다. 나보다 다섯 살이나 많았으니 시집 갈 처녀의 나이다. 누나에게 자전거 타는 법을 가르쳐줄 때다. 누나가 논두렁으로 엎어지면 뒤에서 밀어주던 나도 넘어져 누나와 같이 드러누워 하늘의 별을 본다. "저 별은 나의 별 저 별은 너의 별, 별빛에 물든 밤 같이 까만 눈동자……"('두 개의 작은 별', 윤형주)

누나의 노래는 정확하다. 그리고 음악과 미술에 조예가 깊었고 아이큐가 높았다. 중학교를 졸업하고 마산에 있는 간호학교에 가지 못한 설움을 이야기하는 것 같아서 나도 가슴이 뭉클함을 느낀다. 여학생의 몸으로 혼자 여행가기가 무섭다고 어린 나를 보디가드로 데리고 간호학교까지 안내를 해봐서 안다. 그런 누나는 2010년 하늘나라로 가셨다. 아마 천당에 계실 것이다. 왜냐면 하나님을 믿으셨고, 누나와 언니 역할, 엄마와 아내의 역할만 하고 남들에게 욕 얻어먹지 않았으니 천당에 가 계실 것이다.

요즘은 운전을 하고 다니니 주유소에서 기름을 넣고 그 옆에 있는 카센터에 들르면 펑크를 때우는 모습을 볼 때가 있다. 옛날에 내가 하던 작업과는 많이 달라졌다. 튜브리스니까 휠에서 타이어를 분리하면 되는데 자동으로 뽑는 기계가 있으니 편리하다. 타이어를 눈으로 점검하면 조금 이상한 곳에서 펑크가 난 것을 찾기가 쉽고 그러면 타이어 밖에서 생고무를 잘라 송곳으로 밀어넣으면 펑크 수리가 끝난다. 진남철공소에서 하던 것보다 훨씬 편리해졌다. 한번은 내 차 타이어가 바람이 빠져 펑크가 맞는데 수리를 해주지 않는다. 이상하게 여기면서 수리공에게 물으니 전에 펑크 난 곳에서 바람이 새는 것이라 한 번 더 때울 수는 없다는 것이다. 할 수 없이 에어만 추가하고 나왔다. 한 달 후에 다른 카센터에 가서 펑크를 때울 수 있었다.

4.
12밀리미터 철판 원통으로 성형

집안 형편이 나의 성장을 뒷받침 할 만큼 진남철공소가 성
장하면 나는 대학을 가기 위한 공부를 하게 된다. 대학에 간다
는 것은 서울로 간다는 것이고 돈이 많이 소요되는 일이다. 농
사를 짓는 집이면 논을 팔고, 키우는 소도 팔아야 된다. 중학
교부터 6년이나 집을 떠나 학교를 다니면서 내 장래에 대해 꿈
꾸고 이제 생각을 굳혀 욕심을 버릴 수 없는 단계다. 집에서 내
주관을 내세울 시기다. 진학을 위해서는 부모님의 승인이 필수
적이다. 대학에 가면 가정교사를 하면서 일부 학비를 충당할
수 있다는 계산도 있었다. 내가 중고등학교를 무사히 마친 것
은 어머니 때문이다. 어머니가 전적으로 응원해주셨다. 하지만
어머니도 여기까지였다. 대학도 좋지만 아버지가 운영하시는

진남철공소의 전망을 볼 때 내가 대를 이었으면 좋겠다는 생각을 해오셨다. 그러기에는 아들의 머리가 너무 커져버렸다. 그래서 대학에 가는 공부를 했다. 당시 대학입학시험제도는 1차로 국가에서 실시하는 자격시험에 합격한 자가 스스로 진학할 대학을 선별하여 그 대학의 입학시험 규정대로 따르면 되는 방식이었다.

내 고향 마을 문산에 가면 항상 특이한 느낌을 주는 풍경이 그림처럼 지나간다. 푸른 논밭과 울창한 숲으로 둘러싸인 농촌의 전경이다. 멀리 몇몇 농가와 푸른색으로 빛나는 어릴 때 멱을 감던 남강의 지류가 눈에 들어온다. 이 생각은 내가 살고 있었던 지역을 머릿속으로 그린 것이다 그러나 오늘날의 모습은 아니다. 60년 전의 풍경이다.

멋진 농장들은 사라진 지 오래고, 그 자리에는 작은 집들로 가득한 주택단지가 들어서 있다. 그 너머는 아파트가 숲을 이뤘다. 논밭들은 포장되었고 숲의 나무들은 베어졌다. 이웃들은 더 이상 소나 염소를 기르지 않으며, 숲을 가로질러 다니던 야생동물들도 사라졌다. 사람과 고양이, 개를 제외하고는 도로 건너에는 기계가 가득한 농공단지의 공장들만 보인다. 도로변에 자리 잡고 있었던 진남철공소도 사라지고 그 자리는 번듯한 상가 건물이 대신했다.

이와 같은 변화는 우리나라 어디에서나, 그리고 세계 대부분의 나라에서도 발생했다. 현대인은 옛날과 다른 모습으로 살고 있다. 오래 전에는 대부분의 사람이 시골에서 살았으며 자신들이 직접 생산한 농산물을 먹었다. 그러나 지금은 도시에 살면서 공장과 사무실에서 번 돈으로 먹을 것을 산다. 이렇게 산업이 발달하고 먹을거리가 많아지고 외식이 잦아지고 비만해지기도 한다. 나는 그 옛날로 돌아가 진남철공소의 이야기를 하련다.

아래의 사진은 12밀리미터의 철판을 원통으로 성형하는 철판 롤링기다. 아래, 위의 롤roll 사이에서 두꺼운 철판이 성형되는 공정의 모습이다. 자동으로 힘들이지 않고 성형되는 모양이 보인다. 그러나 진남철공소에는 이런 좋은 장비가 없었다. 여기

| 롤링 기계에서 롤링작업 중인 사진

서는 이런 원통이 장인의 기술과 해머의 힘으로 만들어진다. 철공소 사장님인 아버지는 기술이 대단하시다. 이 작업을 할 때는 동네 아저씨들이 많이 모여들어 구경도 하고 해머질을 거들기도 한다. 완성된 후에는 다 같이 환호하며 기쁨을 만끽한다. 보통 3:6철판이라 부르는 것은 가로가 900밀리미터, 세로가 1800밀리미터의 크기다. 세로 면에 설계된 간격으로 쇠줄을 긋는다. 그 줄 위에 적합한 공구를 놓고 자루를 잡은 사장님이 컨트롤을 한다. 그 위를 무거운 해머로 때려 내려가면서 조금씩 변형을 하는 작업이다. 하루 종일 시간이 소요된다. 당연히 힘들다. 점심 시간이 되면 사장님은 작업을 보조해준 동네 아저씨들에게 돼지머릿살, 된장, 김치 등을 차려놓고 막걸리로 일당으로 대체 지급한다. 수고한 마음을 알아주는 것이다.

해머 치기를 조정하는 사장님은 무섭다. 힘도 많이 들지만 안전을 위해서 해머 치는 아저씨가 집중력을 잃지 않도록 단도리를 한다. 때로는 미소를 지으면서 힘든 나를 올려보신다. 물론 나도 일원으로 내 차례의 몫을 해낸다. 둥근 원통이 완성되었다. 양쪽 끝 부분이 5밀리미터 정도 맞지 않았지만 이 정도는 아무 문제도 아니다. 전기용접 후에 절단기로 잘라내버리면 되고 이 원통은 우리 동네에 하나뿐인 공중목욕탕의 물을 데우는 재래식 보일러 소재로 사용될 예정이다. 당시 나는 고

등학생이라 사장님의 기술이 좋은지 어떤지 구별할 눈이 없었
지만, 나중에 금속 가공 직종에 근무하면서 그때의 기술이 대
단했다는 것을 알게 되었다. 직장생활 초기에 아버지가 살아계
실 때는 어려움을 만나면 조언을 받아 많은 도움이 되었다.

　시간은 금방 흘러 대학에 진학했다. 다행히 목표로 했던 서
울의 대학에 합격하여 시골 출신 유학생 신분이 되었다. 신당
동에 있는 학교 근처에 하숙을 잡았다. 그때가 1963년이다. 하
숙비가 한 달에 2500원, 택시 기본요금이 25원 하던 시대다.
부모님으로선 많은 희생을 감내하고 자식의 요구를 들어준 것
이다. 열심히 공부해서 성공해야 했다. 전공은 기계공학이니
쇠장이의 아들로서 1차 관문은 통과한 것이다. 그때는 대입 합
격자가 신문에 기사로 실릴 때이고 여름방학에 고향을 방문하
면 금의환향에 가까운 대접을 받았다. 1963년에는 흉년이 들
어 쌀을 살 수 없었는데, 하숙집에서 학생들에게 밥을 못해주
자 여름방학을 한 달 당겨서 해야 되는 소동이 있었다. 우리나
라 경제 규모가 작아서인지 정치를 못해서인지 잉여농산물 원
조를 받던 시기는 넘어가서인지 도무지 학생으로서는 이해가
되지 않는 사건이 벌어진 것이다. 이듬해, 1964년 3월 24일 서
울 시내에서는 한일회담을 반대하는 4·19 이후 가장 큰 학생
시위가 벌어졌다. 6월에는 무척 심해져 학교에는 휴교령이 내

려지고 방학을 한 달 앞당겨 했다. 당시 나는 데모를 하는 그룹과는 거리가 멀었다. 시골 부모님의 학자금으로 공부하는 나는 그럴 시간을 낼 수 있는 형편이 아니었다. 그리고 학훈단 ROTC에 지원해 졸업과 동시에 육군 소위로 입관해 병역의 의무를 마쳐야 했다.

5.
탈곡기와 리어카

대학 졸업 후 수송부대에서 전문교육을 3개월 받았다. 군의 기본교육은 대학 3, 4학년 때 한 달씩 이수했고, 당시는 소위 계급을 달고 수송병과의 전문교육을 받고 있었다. 수업시간에 많이 졸아 '참모' 수업을 맡은 교수님은 나에게 '취침참모'라는 별명을 붙여주셨다. 수업시간에 졸면 당연히 기합을 주고 잠을 못 자게 해야 하는데 별명만 지어줘 이상하게 여겨졌다. 그 이유는 교육을 이수하고 졸업하는 날 교육 담당 구대장님이 말해주었다. 당시 내 교육생 번호는 44번이었는데, 이전에 교육생 번호 44번이 3년 연속으로 사고를 치는 바람에 그냥 편하게 교육을 받게 한 것이라고 말이다. 덕분에(?) 석 달 동안 몸무게가 15킬로그램이나 불어버렸다. 아버지가 면회를 와

주셨는데 가까이 다가가도 아들을 몰라보고 먼 산을 보고 계신다. 앞에 서서 충성, 인사를 드리니 그때야 알아보시고 활짝 웃으셨다. 53킬로그램의 왜소한 몸이 68킬로그램이 되었으니 좋아하신 것이다. 그때만 해도 한국사회에 비만이라는 말은 존재하지 않았다. 남자라면 100근을 넘겨 풍채가 당당해야 인상이 좋다는 소리를 듣던 때다. 배치 받은 부대에서는 소위로 중대장 직무대행을 맡을 만큼 바쁘게 생활했는데도 제대할 때는 70킬로그램의 체중을 유지할 수 있었다. 일은 바빴지만 마음 편하게 군 생활했다는 증거였다.

어릴 때 집 마당에는 감나무가 있었다. 가을이 오면 가지들이 일제히 땅을 향해 늘어진다. 거기엔 주렁주렁 달린 감들이 노랗게 변하다가 가끔은 붉어지며 떨어졌다. 감이 떨어지기 전 미리 따먹는 홍시 직전의 감 맛은 그렇게 좋을 수가 없었다. 그 옆은 대추나무가 있었다. 감에 못지않게 수많은 대추가 빼곡히 열린 모습은 풍성함 그 자체였다. 나에게 가을은 이렇게 붉었다. 사립문을 밀고 나와 뒷산으로 가는 길목에는 코스모스가 군락을 이루어 바람에 나부끼는 모습은 완연한 가을을 알리기도 했다. 뒷산 자락에 있는 밤나무에는 떡 벌어진 밤송이 사이로 암갈색의 매끈매끈한 밤이 바람에 떨어질 듯 흔들리고 있었다. 그 밑에는 떨어진 밤송이들도 보이고 벌써 밤송이를 떠난 밤도 보인다. 다람쥐가 왔다 갔다 하며 내가 어디로든 빨리 가버렸으면 하는 눈치다. 겨울 양식을 실어 날라야 하는데 나 때문에 눈치만 보고 있다. 자연의 섭리는 계절마다 꽃이 피고 열매를 맺게 해주고 그 열매를 수확하게 해준다. 동물들의 양식이 되도록 해준다. 그 섭리에 따라가기만 하면 아무 문제가 없다.

아침에 일어나 방문을 열면 동네 남산이 바라다 보인다. 울긋불긋 단풍드는 나무들이 가을을 맞이한다. 산새는 지저귀고 들판에는 벼가 노랗게 물들었다. 군데군데서 탈곡기脫穀機 돌아가는 소리는 풍년의 곡조 같다. 지금은 벼가 익으면 논밭 위를 주행하면서 벼·보리·밀 등의 곡물을 베고, 이어서 탈곡과 선별, 정선을 한꺼번에 하는 콤바인이 있다. 참으로 꿈같은 이야기가 현실이 된 셈이다. 당시에는 탈곡기가 최신 기술이었다. 진남철공소에서는 이 탈곡기를 생산하여 우리 동네는 물론이고 진양군 산하 여러 면으로 보급했다. 소달구지가 동네 큰길을 주행하던 시대에 리어카도 만들기 시작한 진남철공소는 탈곡기와 리어카를 쌍두마차로 삼아 중소기업 규모까지 성장했다. 사장님 책상 뒤에는 진양군수, 경남도지사에게 받은 표창장이 탈색된 채로 걸려 있었다.

탈곡기는 어떤 원리로 움직이는 기계일까. 어른 두 사람이

나란히 서서 발판을 밟을 수 있는 폭에, 볏단을 내리고 들어올리기 좋게 허리까지 오는 높이다. 발판을 밟으면 링크로 연결된 큰 기어는 탈곡드럼에 고정된 작은 기어를 돌려 회전력을 전달하고 밟는 속도에 따라 회전력이 올라간다. 드럼은 둥글게 생겼는데 여기에는 V자 모양의 거꾸로 된 쇠못이 많이 박혀 있다. 드럼이 이리저리 돌아가며 볏단을 훑으면 낟알이 못에 걸려 떨어지도록 한 원리다.

그리 복잡한 기계는 아니었기에 철공소에서는 탈곡드럼과 기어, 본체를 만들고 조립하는 공정을 세팅해낼 수 있었다. 새 탈곡기도 만들지만 철공소 일은 중고 탈곡기의 수리가 더 큰일이었다. 이게 만만찮은 일인데, 대부분 농기구란 제철에 쓰고 나면 한 해는 묵혀야 하는 계절성을 갖고 있다. 그 보관에도 신경을 많이 써야 한다. 당시 농촌에 탈곡기를 녹슬지 않게 보관할 수 있는 창고나 시설이 갖춰진 집은 많지 않았다. 그저 처마 밑에서 비만 피할 수 있게 보관하며 겨울과 장마를 지나는 게 보통인데 눈비를 제대로 피할 수 없다. 그러면 쇠로 만든 부품은 산화되어 그 기능에 문제가 생긴다. 그래서 소달구지에 실려 진남철공소로 배달된다. 물론 녹이 슨 정도의 문제는 사장님의 손길이 닿으면 금세 해결된다. 탈곡기는 곧 싱싱한 소리를 내면서 돌아가기 시작한다.

| 1953년 무렵 탈곡기를 사용하여 탈곡하는 모습

우리가 어릴 때 듣던 탈곡기 소리는 '드릉드릉, 윙 윙' 하며 나름의 흥과 리듬을 갖고 있었다. 혼자서도 작동할 수 있지만 최소 두 명이라야 작업이 효과적이고 동네에서 품앗이로 여럿이 붙어 작업하는 것이 상례였다. 발판을 밟아 회전력을 일으키며 직접 탈곡하는 사람이 있고 볏단을 넘겨주는 보조 작업자가 있다. 협업이기 때문에 리듬과 박자로 흥도 돋우고 힘이 들면 중간중간 소리를 내지르기도 한다. 작업 초기는 '드릉드릉, 윙 윙' 소리가 우렁차다. 탈곡을 하는 드럼통이 빠르게 돌아가서 소리도 크다는 이야기다. 시간이 지나면 이 소리가 작

아진다. 탈곡 통에 볏단을 집어넣으면 요란한 소리를 내며 알곡들이 노다지처럼 아래로 쏟아져 내려 쌓인다. 가운데에 위치한 사람은 한 번 탈곡된 볏단을 넘겨받아 혹시 붙어 있을 한 알의 이삭이라도 놓치지 않기 위해 다시 한 번 탈곡한다. 탈곡기를 이용한 탈곡 작업에도 리듬이 살아 있다. 발로 밟고, 볏단을 주고받을 때, 볏단을 이리저리 뒤집어 탈곡한 다음 뒤로 던지고 다시 이어 받는 꼬리에 꼬리를 무는 과정이다. 함께하는 사람들끼리 호흡이 잘 맞으면 속도가 빨라지고 흥도 절로 난다. 탈곡이 끝나 수북이 쌓인 알곡은 갈고리로 긁어 섞여 있는 볏짚을 제거하면 모든 과정이 끝난다.

탈곡기에도 종류가 있다. 발로 페달을 밟아 회전시키는 굴통에 이삭을 대어 탈곡하는 것을 인력탈곡기라고 하고 또한 굴통탈곡기라고도 부른다. 굴통에는 많은 이가 박혀 있는데 이를 급동이라고도 한다. 인력탈곡기를 이용하여 예전에 비해 능률이 획기적으로 오르긴 했지만, 이 역시 힘이 많이 들고 탈곡 손실이 컸다. 또한 알곡 선별 장치가 없기 때문에 나중에는 전기 동력으로 돌리고 자동으로 탈곡되어 나오는 자동탈곡기가 등장하게 되었다.

알곡을 턴 후 이물질을 골라내는 농기구도 있었다. 지역과 시대에 따라 풍구, 풍로, 풍차, 풍기, 손 팔랑개비, 선풍기, 바람

개비, 풍선, 선차, 풍고라고 불린 물건이다. 곡물에 섞인 쭉정이, 겨, 먼지 등을 바람을 이용해서 날려버리는 초보적인 기계장치다. 형태는 지역에 따라 다른데, 받침대에 박힌 기둥에 3~4개의 날개를 달아 손잡이를 돌려서 바람을 내기도 하고, 크고 둥근 통 안에 여러 개의 날개가 달린 바퀴를 장착해 이것을 돌려서 바람을 일으키기도 한다. 또한 양쪽에 큰 바람구멍이 있는 큰 북처럼 생긴 속에 넓은 여러 개의 깃이 달린 바퀴가 있어 이것을 돌리면 바람이 일게 고안된 것도 있다.

전통적으로 곡식과 쭉정이를 구별하여 골라내는 연장으로 키와 체가 있었다. 키와 체가 손으로 일일이 작업을 수행한 반면 풍구는 바람을 이용함으로써 초보적인 기계장치이기는 하지만 이전에 비해 작업의 효율성이 높아졌다.

곡식의 이삭을 두드려서 알갱이를 떨어내는 데 사용하는 농기구가 도리깨다. 보리, 밀, 콩, 녹두, 팥, 조, 메밀 등 이삭에 달린 알곡을 떨어내는 데 사용된다. 도리깨는 선 자세로 작업하는데, 두 손을 이용하여 어깨 너머로 넘기고 돌리면서 앞으로 내리쳐 알곡을 떨어낸다. 도리깨는 장부, 꼭지, 아들, 치마 등으로 구성되어 있다. 장부는 손잡이를 지칭하고, 꼭지는 장부와 아들을 연결한 부분을 말한다. 아들은 꼭지 끝에 나뭇가지를 매달아놓은 것을 말하고, 치마는 여러 가닥의 아들을 묶어놓은 끈을 말한다. 이러한 명칭은 지역별로 다양하게 나타난다. 예전에 농가에서 없어서는 안 될 거두기용 농기구였던 도리깨는 농기구의 기계화와 더불어 많이 자취를 감추었고, 또한 대량으로 제작되는 쇠도리깨를 사용하기도 하지만 요즘에도 산간 지역의 일부 농가에서는 여전히 사용된다.

리어카rear car는 탈곡기 같은 무거운 기계도 실을 수 있을 만큼 튼튼하고 농촌에서 많이 사용한 운반 기구다. 바퀴 두 개를 차체에 조립해 앞쪽에서 끌거나 밀면 움직이고, 끄는 사람이 달리면 속도가 빨라진다. 바퀴는 자전거 휠보다 두 배 정도 두껍고 강하다. 진남철공소는 이 리어카를 연간 1000대 정도 생산했다.

리어카 제조공정은 절단, 벤딩, 전기용접, 조립 등의 4가지로 이루어진다. 외경 32밀리미터 스틸파이프로 핸들 부분(긴 U자 모양으로 사람이 끄는 부분), 차체 부분 등을 만들고, 12밀리미터 스틸 바를 차체에 용접하면 리어카의 구조물은 완성되고 여기에 바퀴 두 개를 구매하여 조립하면 완성된다.

6.
웃다가 기합 받은 날

대한민국은 1960년대 초반, 매우 불안정한 국가 안보 상황에 대처하기 위한 일련의 조치로 자주 국방력 확보 차원에서 시급히 군사력을 증가시켜야 하는 진퇴양난의 처지에 있었고 이의 일환으로 대학에 재학 중인 우수 학생들을 선발하여 군사교육을 실시하고 졸업과 동시에 장교로 임관시켜 군의 초급 지휘자로 활용하는 제도를 시행하게 되었다.

이에 따라 당시 군의 지휘 체계상 가장 심각한 문제였던 초급지휘자들의 자질 문제를 대학을 졸업한 엘리트 자원으로 단기간 내 대거 충원하여 상비전력을 획기적으로 증강하고, 현역 복무 후에는 이들을 예비군 지휘자로 편입시킴으로써 예비전력을 실질적으로 전력화할 수 있을 뿐만 아니라 이와 같은 대규모적인 군 장교 충원에 드는 양성 교육예산 부담을 현격히 경감시킬 수 있는 등의 다면적인 정책 목표를 가지고 ROTC 제도가 탄생했다.

나는 ROTC(Reserve Officers Training Corps, 학도군사훈련단) 6기. 소위로 군대 복무를 마쳤다. ROTC 제도는 무한한 가능성과 잠재력을 가진 대학생 중 우수자를 선발하여 2년 동안 8주 군사 훈련을 거쳐 졸업과 동시에 장교로 임관하는 제도다. 대학 1, 2학년 때는 학교 내에서 군사 훈련과 방위에 대한 기본적인 교육을 받는다. 대학 3학년부터는 ROTC 생으로 2년 동안은 1년에 4주씩 총 8주간 하계 방학 기간에 군 훈련소에 입소해서 기본적인 군사 훈련을 받고 졸업과 동시에 소위로 임관되어 3개월간 기술에 관련된 병과 장교 교육을 이수한다. 그리고 수송 자동차 대대에 배치되어 주어진 임무를 수행한다. 그때를 생각하면 지금도 멋진 제복에 자부심을 품고 대학 생활에 임했던 선택을 자랑스럽게 생각한다. 그런 생활을 하면서 특히 기억에 남아 있는 유머러스한 에피소드가 하나 있다.

3학년 여름방학 때 4주 동안 예비사단에 입소하여 군사 기본교육을 받았을 때 생긴 일이다. 나는 진주 중고등학교를 졸업했고, 미스터 전은 경남 합천 출신이다. 둘은 시골에서 자라 견문도 모자라고 다소 내성적이어서 모임에 나가면 항상 남이

하는 이야기를 듣는 편이고 또 잘 웃는 편이었다. 대학 생활을 2년이나 마쳤으니 다소 시골티는 벗었다고 할 수 있지만, 운명처럼 만난 '그 친구' 때문에 우리 둘은 일명 '웃다가 기합 받은' 주인공이 될 수밖에 없었다. 미국 대통령 링컨은 원숭이를 닮은 듯한 외모 때문에 못생겼다는 지적을 자주 받았다 한다. 중요한 유세에서 상대 후보가 링컨에게 "당신은 두 얼굴을 가진 이중인격자야!"라고 하자 링컨은 "내가 정말 두 얼굴을 가졌다면 이 중요한 자리에 왜 하필 못생긴 얼굴을 가지고 나왔겠습니까?"라고 했다. 링컨은 이 유머로 그곳에 있는 모든 사람을 자기편으로 만들 수 있었다. 아래에서 이야기하는 것은 나를 잘 웃기는 나의 친구 이야기다.

군 훈련소에 입교하여 군사 기본교육을 받는 우리는 매일 새로운 과목을 이수했다. 각개전투, 독도법, 제식훈련, 총검술, 사격훈련, 태권도 등. 배우면서 흥미를 더해 갔던 일도 있지만, 특히 잊히지 않는 일은 내무반 생활 중의 점호點呼 시간일 것이다. 점호란 각각의 이름을 불러 인원을 점검하고 건강·사기 따위를 알아보는 일이라고 사전에는 설명되어 있다. 짧은 4주간이었지만 일과를 마치고 저녁 8시가 되면 내무반 생활을 하는 우리에게는 바쁜 시간이 찾아온다. 바로 저녁 점호 준비 때문이다. 준비하는 시간이면 내무반은 무척 소란스럽다. 작업복을 가지런히 정리하는 사람, 총기를 깨끗이 닦는 사람, 구두를 닦을 때 나는 소리, 무엇인가를 외우는 소리 때문이다. 그리고 본인은 모든 준비를 해놓고 남의 일에 간섭하고 내무반을 휘젓고 다니는 소위 후보생 덕분에 긴장을 풀 수 있었다. 분주함이 흐르는 시간이기도 하다. "동작 그만!"이라는 큰 소리와 함께 점호 시간이 왔다. "제2내무반 저녁 점호 준비 끝"이라는 당직 후보생의 보고 구령이 들렸다. 우리는 침상 위에 줄을 서서 당직 사관을 맞이해야 한다. 물론 숨소리도 나지 않게 조용히 대기해야 하는데 그것이 힘들어 나는 매일 고민해왔다.

오늘도 마찬가지인데 문제가 생길 예감이다. 웃음을 참지 못할 것 같다. 내 오른쪽에는 전 후보생이 서 있고, 바로 건너편에는 조 후보생이 서 있다. 조 후보생은 고향이 충청도인데 서울 와서 오래 살았으니 서울 사람이나 마찬가지다. 그런데 그냥 서울 사람이 아니고 코미디언처럼 생겨서 항상 웃기는 서울 사람이다. 학생회 회장이니 말도 참 잘하는 친구다. 오늘따라 점호 받아야 하는데 조 코미디언은 우리를 계속 웃기고 있고 물론 자기는 웃지도 않고 표정으로만 웃긴다. 지금 생각해보면 그 표정도 본인이 의도한 것이 아니라 우리가 제풀에 웃었는지도 모를 일이다. 아무튼 열중쉬어 자세로 내부 반원들이 일렬로 늘어서 있는 가운데 전 후보생과 나의 표정에는 억지로 웃음을 참을 때의 어색한 괴로움이 슬금슬금 나타나고 있었다. 당직 사관이 곧 도착할 시간인데 우리가 자주 웃으니 다른 후보생들은 아무것도 모르고 우리만 꾸짖는다. 조용히 하라고, 왜냐하면 문제가 생기면 단체로 얼차려를 받으니 말이다. 드디어 운명의 시간이 왔다. 당직 사관은 조 후보생에게는 질문도 하지 않고, 있나 없나 정도로 확인만 하고 뒤로 돌아서서 우리에게는 점호의 격식대로 질문하기 시작한다.

귀관! 하고 나를 지명하는 순간 "44번 강 후보생 점호 준비 끝!"이라는 구령은 못 하고 전 후보생과 나는 동시에 참던 웃음을 터뜨려버렸다. 그것도 보통 웃는 것이 아니고 깔깔대고 웃으니 당직 사관은 바로 돌아서서 조 후보생을 본다. 물론 우리를 웃기고 있는 조 후보생의 표정을 봤으니 당직 사관인들 안 웃을 수가 없다. 범인은 미스터 조! 저녁 점호는 여기서 중단되고, 아니 끝나고 "조, 강, 전 후보생은 완전무장으로 중대 연병장에 집합시키고 보고해!" 학생 구대장에게 명령하고 참지 못하는 웃음 때문에 내무반을 빨리 나가버린다. 다른 후보생들의 웃음 띤 충고를 들으면서 우리는 완전군장 배낭을 꾸렸다. 연병장에 셋이 준비 완료하고 집합했다고 구대장은 당직 사관에게 보고하러 갔다. 그러는 동안에도 우리는 또 웃고 있었다. 기합은 연병장을 몇 바퀴를 돌지 모르는 상태로 계속 구보를 하는 것이다. 물론 힘들다. 그렇지만 우리는 또 웃는다. 드디어 2시간이 지나서야 기합은 끝이 나고 우리는 누웠다. 녹초가 되어 연병장 풀밭에, 호흡을 돌리면서 하늘을 본다. 숨도 크게 내쉬고 또 내쉬고 그러다 미스터 조를 보면 또 우리는 웃어버렸다. 그 시절을 추억할 때면 나도 모르게 잔잔한 미소를 머금는다. 그런 친구를 둔 것이 항상 고맙게 생각되었다.

"대─ 한민국!" 전국을 뒤흔드는 월드컵 함성과 함께 벌써 2002년이니 세월이 많이 흘렀다. 우연하게도 30여 년이 지난 지금 그 친구는 고양시 덕양구 화정동 우리 집 근처의 아파트로 이사를 와서 살고 있다. 그 친구는 대학을 졸업하고 일간신문사에 취직했다가, 당시 신문사 윗선과의 의견 차이로 곧바로 사표를 던지고 나왔을 정도로 의식이 확실하고 개성이 뚜렷한 친구다. 지금은 안양유원지에 그럴싸한 갈빗집을 차려놓고 있어서, 어쩌다 집안 대소사가 있을 때 나는 그곳을 이용하기도 했다. 그 친구는 친구에게 양질의 고기를 서비스해줘서 좋고, 나는 친구 집 갈비를 팔아주니 누이 좋고 매부 좋은 격이다. 어제도 우리는 '인알 회로 필드'에서 만났다, 한일 CC에서 골프를 즐겼다는 얘기다. 그날 나는 또 웃었다. 그는 항상 나를 웃기고 나는 항상 웃어주는 사람이니까. 친구는 참 좋은 것이다. 항상 나를 웃게 해주니까. 예지라는 손녀를 둔 나는 항상 그 친구를 만나면 손녀 자랑을 한다. 그때는 나도 말을 굉장히 잘한다. 왜냐하면 순수하고 사랑스러운 나의 손녀 이야기를 하는 것이니 나도 친구만큼은 아니라도 말을 잘 할 수 있었다. 하지만 친구는 싫어한다. 내가 손녀 자랑하는 것을 말이다. 아니 부러워했다가 맞는 말일지 모른다. 그는 아직도 2남 1녀를 슬하에 두고도 시집장가를 보내지 못해서다. 병영생활에서 웃어서 얼차려를 받았던 일을 생각하는 나는 좋은 친구들과 열심히 살아가고 있다. 2002년 월드컵이 한국에서 열리던 해에.

7.
미진에서의 첫 사회생활

1970년 7월 초순, 서울과 부산을 잇는 경부고속도로가 개통
되었다. 온 나라가 축제 분위기로 들뜨고, 경제개발계획은 2단
계(1967~1971)에 접어들어 나라 경기가 살아나고 있었다. 대학
을 갓 졸업한 나는 병역의무를 마치고 귀향했는데 우리 집은
아버님께서 운영하시던 회사의 부도로 이른바 파멸에 이르러
있었다. 우리 가족에게는 평생 경험해보지도 못한 가난이 들이
닥쳤다. 부모님과 형제자매들이 모두 작은 집에서 지내야 했다.

그동안 너무 안일한 생각으로 살아왔다. 대학을 졸업하고,
군대 의무복무를 마치고 제대하여 집으로 왔다. 모든 게 그대
로 있을 줄 알았지만 너무나 극적인 환경 변화가 있었다. 당장
취업이 시급했지만 잘 되질 않았다. 실력이 모자라서다. 취업

준비를 하지 않고 편하게 지내서다. 그때만 해도 우리나라 산업이 급속 성장하는 중이었긴 하나 나에게는 아직 가족을 돌볼 수 있는 일자리가 주어지질 않았다.

인간은 태어나면서부터 성장한다. 젖먹이 시기를 지나고, 유아기를 거치면서 몸도 커지고 말도 배우면서 부딪치는 환경에서 나름대로 느낀 점들을 지식으로 쌓게 된다. 그리고 교육 체제 속에서 긴 교육 기간을 거치게 된다. 초등, 중등, 고등학교를 지나면 나이도 많아지고 사회생활을 충분히 꾸려나갈 수 있는 성인이 된다. 더 공부하여 전문 분야에서 사회생활을 원하면 대학, 대학원을 이수하여 학사, 석사, 박사가 되어 사회 전문 기관에서 종사하게 된다. 그렇지 못하면 실업교육을 받고 각 부문의 일원으로 활동하게 된다. 실업교육을 받고 사회로 바로 나오는 사람이나, 대학 이상의 교육을 받고 나오는 사람이나 이제는 성인으로서 생활의 목표를 세워서 계획적으로 살아야 한다. 그 시기가 고등학교를 입학하는 시기라고 보면 된다. 고등학교 입학 이후 최소 3년이다. 이때가 생에서 가장 중요한 시기다. 계획을 세우고 실행하고 평가하여 자신이 사회에 진출해도 되겠다는 확신을 갖도록 평소의 생활을 가져가야 한다.

나는 고등학교 시절 철공소를 운영하시던 아버님 일을 거들어드렸다. 그때 배운 전기용접 기술이 있어 친지의 소개로 연탄공장 수리공 모집에 응시했다. 전기용접 시험을 치르는데, 3밀리미터 정도 되는 얇은 철판 2장을 붙이는 것이었다. 전기의 강도를 조절하여 용접해야 하는데 그것을 몰랐다. 시험관이 일부러 전기용량을 높게 설정한 용접기를 철판에 가까이 가져가 용접하니 스파크가 튀면서 용접되어야 할 곳에 구멍이 나버렸다. 가장 기본적인 전기의 강도도 조정할 줄 모르니 당연히 불합격이었다.

눈앞이 캄캄했다. 사정이 딱해서 그러니 다른 일이라도 시켜달라고 부탁했다. 그래서 연탄공장이니까 직종을 바꾸어 연탄을 트럭에 싣고 내리는 일(담아도리)로 취직했다. 담아도리란, 연탄 두 장을 던지면 받아 재고 던지면 받아 내리는, 연탄 수송 차량에 연탄을 쌓는 일을 가리킨다. 일종의 막노동이라 힘든 일이지만 가족을 위한다는 마음으로 2주를 다녔다. 하지만 허리가 아파서 도저히 계속할 수 없었다. 그때 나는 작은 키에 비해 몸무게가 70킬로그램이나 나가서 비만에 속했다. 굵은 허리로 힘을 쓰는 데는 무리였다.

그래서 조금이라도 힘이 덜 드는 난방공사장에 나가기로 했다. 이것도 보잘것없는 경력이나마 쌓았으니까 생기는 일감이다. 앞집에 사는 박 씨를 따라 일당을 받고 방바닥에 설치할 U자로 성형된 스틸 파이프를 5층, 6층까지 매어 나르는 데모도(일을 거들어주는 사람) 일을 한 것이다. 빌딩의 난방공사장에서 자재를 나르는 막노동 일, 그 일도 하니까 숙달이 되어서 한 달이라는 시간이 흘렀고 그러는 동안 월급도 받아 생활에 보탬이 될 수 있었다. 오늘도 열심히 무거운 파이프를 메고 6층으로 오르내리는데 아버님께서 작업 현장에 찾아오셨다. 그때는 미진금속이라는 회사에 입사원서를 제출해놓고 통보 오기만을 기다리던 때였다. 소식을 가지고 오신 것이다. 서류전형에 합격되었으니 3일 후에 회사로 나오라는 연락이었다.

영국의 역사학자 아널드 토인비는 "문명이 탄생하고 성장하려면 자연의 도전Challenge에 대해 성공적으로 응전Response해야 한다"라고 했다. 그의 주장에 따르면 세계 4대 문명발생지는 강물의 범람, 기후 등이 인간이 살아가기에는 매우 부적절한 곳이었는데 인간들이 그것을 슬기롭게 잘 극복해서 찬란한 문명을 이룰 수 있었다고 한다. 가난한 집안으로 바뀐 우리 가족의 환경, 새로 출발하는 기업의 조직문화 등이 나에게 도전하고 있다. 나는 어떻게 응전하여 가난도 풀고, 금속제조업 분야의 일인자가 되기 위해 적절히 응전해나가야 하는가를 마음속 깊이 따져봐야 할 것 같다.

검은색 양복, 춘추복으로 학생 때 입던 것이니 유행이 지난 것이다. 그렇지만 깨끗이 세탁해서 입사 시험을 위해 준비해놓

왔던 터였다. 추운 겨울이지만 양복을 입고 회사로 갔다. 오전에는 필기시험이고 오후에 면접인데 필기시험은 그렇게 어렵지 않았다. 이 회사의 주 생산품인 가단주철Malleable Cast Iron 재료에 관해 물어본 것은 시험대기 중에 회사 카탈로그에서 참고한 내용을 적었고 상식 문제는 잘 쓴 것 같았다. 오후에 면접을 보는데 사장님이 직접 참가하고 중역과 담당 과장이 질문했다.

당시 나는 공사판에서 중노동을 하는 판이었는지라 면접에 임하는 자세는 누구도 따라올 수 없었을 정도다. 오늘의 면접이 내 생애 최고 중요한 일이고 합격해야만 우리 가족의 생계를 책임질 수 있다는 절박한 상태에서 눈에 빛을 내며 면접관의 질문을 다 받아냈다. 마지막으로 사장이 질문을 던졌다. 우리 회사에 지원한 이유가 무엇이냐고. 저는 쇠장이(철을 만지는 기술자)의 아들로 태어나 남다른 기술을 가지고 있는데도 아직도 취직을 못 하고 중노동을 하고 있다는 것, 젊음과 패기로 최선을 다할 것이니 합격과 함께 일을 시켜달라고 했다. 또 부양가족 때문에 꼭 합격해야 한다는 지원 이유를 설명했다. 두 번 묻지 않는 것을 보니 합격점을 받은 것을 느낄 수 있었다. 1월 3일부터 출근하라는 통보를 받았다. 부산 사상구에 있는 중견기업인 미진금속 공개채용에서 합격한 것이다. 이 소식을 공사판에서 전해 들었다. 아버님께서 직접 나오셔서 기쁜 마음을 전해주셨다. 아들의 취직을 얼마나 근심했는가를 알 것 같았다. 박 씨 아저씨께 그동안 데리고 써준 것에 고맙다고 인사하고 집에 와서 나는 목욕탕으로 갔다. 깨끗하게 몸단장하고 알찬 새 출발을 하기 위함이다.

첫 출근 날, 간부들에게는 간단히 인사하고 생산 현장으로 갔다. 과장 이하 현장 간부들이 기다리고 있었다. 오늘 입사했습니다. 여러분과 같이 일하게 되어 영광입니다. 앞으로 많은 지도 바랍니다. 짧은 인사말을 마치고 생산 현장으로 나갔다. 우렁찬 쇠 다루는 소리, 이 소리를 얼마나 듣고 싶어 했던가. 어릴 때 우리 집 철공소를 드나들면서 듣던 소리와 기름 냄새. 쇠장이 아들만이 느끼고 들을 수 있는 소리. 그 소리로 가득한 생산 현장에 들어온 것이다.

ROTC 소위로 군에 입대한 나는 상사와 중사에게는 말을 높이고 하사 이하는 아무리 나이가 많아도 말을 낮추어서 해야 한다는 교육을 받았다. 2년 동안 중·상사들과 같이 생활해 본 경험을 산업 현장에서 그대로 실행해볼 기회가 온 것이다. 조 반장은 선반 가공반장으로 55세이고 허 반장은 사상 반장으로 50세다. 나는 이들을 군에서 중사와 상사 대하듯 했다. 대학을 나온 기사의 장점은 비교적 여유롭게 공부도 많이 하고 어려움 없이 자란 것이고 단점은 나이가 어리고 경험이 부족하여 작업반장들에게 대접받기가 어렵다는 것이다. 반장들은 나이가 많고 경험이 풍부한 대신 못 배운 것에 대한 자격지심이 대단한 사람들이다. 나는 직급이 기사로서 반장 위의 서열이다. 반장이 잔업을 신청하면 내가 결재해야 한다. 그러니 그네들로부터 기사님이라는 말을 받아내야 했다. 이 어려운 과제를 앞에 두고 나는 많이 노력해야겠다고 생각했다.

젊은 기사가 나이 많은 반장을 관리한다는 게 그리 쉬운 일은 아니었다. 일 년이 지나니 과장 대리로 진급했다. 엄연한 과장이다. 부하가 이제 100명이 되었다. 군대의 중대 규모다. 이 정도 규모는 수송 중대 근무 규모와 같으니 그렇게 힘들이지 않고 관리할 수 있었다.

첫 봉급이 3만 원이었다. 기업 진단 후 공개채용으로 사원을 모집했다고 공단 내의 타 회사보다 20퍼센트 정도 많은 봉급이었다. 3만 원은 우리 식구가 한 달을 굶지 않고 충분히 먹을 수 있는 돈이었다. 그러는 동안 아버님은 서울에 취직이 되어 이사하셨고, 나는 동생들과 함께 생활하면서 결혼도 했다. 아무리 적은 회사지만 일 년 만에 과장 대리로 진급한다는 일은 그 당시엔 드문 일이어서 나는 또 뿌듯한 마음으로 열심히 근무했고 진급하여 봉급도 5만 원을 받으니 생활에 여유가 생겼다. 가난에서는 탈출이 된 것이다. 미진금속이라는 회사로 인해 가족은 가난을 벗어났으며, 새로운 사회 진출에 대한 출발이 노력한 만큼 기대를 벗어나지 않았고 특히 초년생 엔지니어로서 3년이라는 짧은 기간에 많은 기술을 배웠다. 철을 용해 및 주조하는 기술, 열처리로 일반 주철을 가단주철로 만드는 기술, 가공하고, 검사하고, 포장 조립하여 수출하고 정부에 납품하고, 시장 판매도 했다. 작업 자체가 표준화되지 않았지만 처음 보고 듣는 장비와 기술을 나는 내 기술로 만드는 데 게을리 하지 않았다. 그래서 현장에 적용할 수 있는 자동화 장비도 직접 개발했다. 이 덕분에 신임 기사로서 체면도 지키면서 뽐내보기도 했다.

봄이 지나가고 있는 초여름 길목에서 더 푸른 신록을 느껴볼 여유를 가진 것 같다. 사회 초년생 직장인이 되기 전 막노동 현장에서 땀을 흘리면서 돈을 벌기가 얼마나 어려운 것인가를 알았다. 기울어진 집안에서 가족의 생계를 꾸려나간다는 것이 싫지 않음을 경험하면서, 조금 더 공부를 열심히 하지 못한 것, 군 생활 중 취직을 위한 노력을 하지 않은 것을 후회할 때가 엊그제 같은데, 벌써 어엿한 직장에서 3년이 가까이 근무했다. 이미 나는 열심히 살고 있다는 것을 충분히 느끼고 있었다.

선한 마음으로 성실하게 살면 무엇이라도 얻을 수 있다는 성현의 말씀이 맞는가 보다. 그러니 진급도 하고 전임 과장이 회사를 옮겨 100여 명이 되는 가공과의 과장을 맡게 되어 사명감과 책임감이 더해간다.

한번은 우리가 생산한 관 이음쇠를 라스팔마스로 수출하기 위해 밤샘 작업을 했다. 선적을 위한 컨테이너가 와서 기다리고 있는데 아직 분량을 채우지 못해 안절부절못하고 있는데 이른 새벽에 사장님이 출근하셔서 업무 상황을 확인했다. "왜 눈물이 나왔을까?" 지금도 그때를 생각하면 가슴이 찡하게 울리는 것 같다. 그때 사장님은 "아직도 일을 끝내지 못했느냐"는 한마디밖에 없었다. 물론 한 시간 후 제품 출하를 끝냈으니 다행한 일이었다. 우리는 모두 손뼉 치면서 컨테이너를 배웅할 수 있었다.

전임 과장에게서 전화가 왔다. 자신은 서울의 대기업으로 전직해 잘 지내고 있는데 강 대리는 그래 별일 없이 잘 지내지? 하는 안부 전화였다. 예, 잘 지내고 있습니다 답을 하는데 "글쎄 말이야. 서울 생활 한번 안 해볼래?" 하고 묻는 것이 조금 이상하게 느껴졌지만 저는 촌놈이니 여기서 지내겠다고 말을 하면서 전화는 끊었다. 전화를 끊고 주위를 돌아보니 사무실에 있는 동료들 그리고 부장님들이 나의 동정을 살피는 것이 느껴졌다. 그동안 나에게 오는 전화는 가족에게서 오는 전화밖에 없었다. 사무실은 규모가 작다. 그러니 무슨 내용인지를 짐작으로 알 수 있다. 이튿날 오전에 출근하니 본부장께서 호출이다. 어제 박 과장에게 전화 온 이야기를 하는 것 보니까 알고 있는 모양이다. 강 대리는 우리 회사에서 중요한 직책을 맡아 업무를 충실히 수행하고 있는 것을 사장님도 알고 계시니 딴생각은 안했으면 좋겠다고 말씀하신다. 마음을 새로 가다듬었다. 나에게는 첫 직장이다. 치열하게 살아도 돌파하기가 어려웠던 가족의 가난도 해결할 수 있었다. 사회 속에서 기업의 조직문화를 배울 수 있었던 마음의 고향 같은 나의 첫 직장이지 않은가? 더 기술을 배우자, 더 경험을 쌓자, 제조 현장의 끈끈한 마음의 정을 느껴야만 살아남을 수 있다. 현장 기능사원들에게 존경받는 진정한 지도자가 되어야만 금속제조업에서 살아남고 일류가 될 것이다. 그들과 대화하는 방법도 더 익혀야 한다. 이제 조금 회사생활을 알게 되었다고 하룻강아지 범 무서운 줄 몰라서야 되겠는가. 초심으로 돌아가 마음을 새로 가다듬자. 회사의 발전 속에서 내가 발전해야 나를 따르는 조직원들도 믿고 따를 것이다. 현장의 기름 냄새를 맡으러 가자. 그들이 나를 기다린다.

　오늘 아침에 가공과 조회를 시행했다. 어제 박 과장으로부터 받은 전화로 대기업으로 전출할 마음을 가진 것 아닌가 하는 뉘앙스를 나 스스로 지우기 위하여 입사할 때의 초심으로 돌아가는 마음을 확고히 갖기 위해 조회하면서 다짐했다.

현장에서 반장, 작업자들과 서로 노력하여 앵글 콕 밸브 주요 부품인 원형 관Slive and Angle Cock 반자동 래핑 머신을 개발한 것은 현장 동료들과 일체감을 갖는 계기가 되었다. 이 개발로 작업자의 피로도를 줄이고 균일한 작업 방법을 유지하여 생산성도 높였고, 불량 발생을 막아 재작업을 없앴다. 결과적으로 원가 절감과 생산성 향상 자동화를 동시에 이뤘다. 제조업 현장에서 3년의 경험은 기계과를 졸업한 사람에게 기술을 갖는 기술자로서 자부심을 품게 해줬다. 자동화 제안 사업을 성공리에 달성하여 생산 현장에 적용할 수 있었고 기사에서 과장 대리로 진급하는 기쁨도 맛보았다. 그래서 100명 조금 넘는 가공과는 책임을 맡게 되었다. 대리가 붙었지만 엄연한 과장이다. 부서의 책임자다. 생산량 증가와 품질 안정은 생산 현장에서 꼭 이루고 지켜야 한다. 이것이 현장 책임자의 근무 목표이기도 하다.

8.
생산부에 배치된 기사

앞 장에서 말했지만, 미진금속에서 나는 생산부 가공 담당 기사로 현장 부서에 발령을 받았다. 기술도 경험도 없이 대학에서 기계공학을 전공했다는 사실 덕분에 반장 위의 서열로 보직되어 기술도 경험도 풍부한 생산직들을 입사 초기부터 지휘하게 된 것이다. 현장 기술자들은 젊은이부터 나이 지긋한 분들까지 다양하다. 처음엔 텃세도 있었고, 젊은 놈이 뭘 아느냐고 푸대접도 받았다. 2년이 지나자 좀 익숙해졌다. 회식자리에서 취해보기도 하고 아버지뻘 반장에게 기대보기도 했다. 입사한 지 얼마 안 되는 김 군에게는 고함도 질러보고, 이러다보니 회사 생활이 무척 즐거워졌다.

현장 기술자가 되기 위해선 내 나름의 개척을 해야만 했다.

무엇을 개척해야 된다는 말인가? 기술과 경험이 많은 반장을 지휘하면서 자기 위치를 확보하고, 조직에 같은 처지의 동료 기사도 없는 현장에서 그들과 대화하고 이끌어서 제품을 생산해야 한다. 나는 2년 3개월의 짧은 기간이지만 장교로 군 복무를 마쳤다. 그 경험이 직장생활에 많은 도움을 주었다. 처음 산업 현장을 겪는 사람은 두 가지 어려움에 부딪히게 된다. 하나는 경험 많은 사람을 다루는 문제이고 다른 하나는 처음 다루는 생산 기술이다. 그런데 장교 시절 상사들과 지낸 것처럼 나이 많은 반장들을 대하니 큰 문제없이 그들과 짧은 시간에 가까워질 수 있었다. 서로 존경하면서 대화하고, 모르는 것은 물어 해결하고 또 모르면 연구하여 서로 이해하는 방법이다.

1970년대 초만 해도 기계 가공 현장에서는 일본어가 많이 쓰였다. 볼트와 너트를 모아둔 통에서 눈으로 보고 이치부(01″), 니부(0.2″), 산부(0.3″) 등에 맞는 사이즈를 찾아내야 하는데 모르면 문제다.

조 반장이 "공구실에 가서 산부 보도, 나토 3개씩만 가져다주겠습니까?"라고 내게 이야기한다. 아무 말 없이 3개씩의 볼트, 너트를 가져다주니 웃으면서 나를 본다. 그러면서 보도Bolt, 나토Nut, 산부0.3″를 못 알아들을 텐데 어떻게 알고 가져왔냐고 묻는다. 나도 웃으면서 철공소 집 아들로서 일본에서

| Malleable Iron Pipe Fittings

기술을 배워온 아버지가 매일 쓰는 현장 용어라고 답했다. "그러면 이치부나나링고모는 얼마짜리인지 아는교?"라고 내가 웃으면서 되물었다. "와 식겁하겠네. 내가 괜히 안 할 짓을 해서"라면서 웃는다. 나도 따라 웃었다. 치수를 읽는 한글 단위는 십(10), 일(1), 십분의 일(1/10), 백분의 일(1/100), 천분의 일(1/1000)로 전개된다. 일본어로는 10(十), 1(一), 1/10(分: 부로 발음), 1/100(厘: 링으로 발음), 1/1000(毛: 모로 발음)이다. 그래서 일본어 나사 표기법에 따라 읽으면 0.125인치는 이치부1分 니링2厘 고모5毛가 되는 것이다.

신입 기사나 공고를 갓 졸업한 기능직 사원들은 반장이나 고참들의 일본식 용어를 통해 그들의 경험을 배워나가야 한

다. '이치부니링고모'만 있는 것이 아니다. 몽키モンキ, 닛빠ニッパ, 뻬빠ペパ, 빠후バフ 등 선임자들이 쓰는 단어는 일본어로 되어 있는 것이 많다. 현장의 기술자들은 경험을 통해 획득한 기술을 쉽게 전수하지 않으려는 경향이 있다. 아랫사람에게 가르쳐주면 자신들의 일이 줄어들고 편한데 그렇게 하지 않는다. 알아서 배우든 말든 하라는 식이다. 아마 고급 기술은 자신만 갖고 있으려는 심리가 있을 것이다.

실제로 반장들은 기술을 사용할 때 동료나 부하들에게 가타부타 설명하지 않고, 보여주기를 꺼린다. 그래서 이런 기술을 배우려면 자신의 특별한 노력이 필요하다. 이른바 '알랑방구'를 뀌든지 하여간 일정한 노력을 기울여 그들의 경험적 기술을 정확히 배워야 한다. 나는 이런 일이 그리 어렵지 않았다. 진남철공소 사장님으로부터 일본식 현장용어를 많이 들어봤던 풍월 때문에 접근이 쉬웠던 것이다.

일본어는 어떤 어족에 명확히 소속된 언어가 아니며 그 뿌리가 명확하지 않다. 일부는 터키어, 몽골어 및 다른 언어를 포함하는 알타이 어족과 연결되지만 폴리네시아인들이 쓰는 오스트로네시아어와도 유사하다. 그래서 낯설게 다가온다. 하지만 일본어 문자는 한자와 히라가나·가타가나의 결합 형태로 이뤄진다. 한자는 우리에게 익숙한 언어다. 또한 기본적인 일본어 문법은 간단하다. 성별 구분이 없고 복수와 단수 같은 복잡한 요소가 없다. 동사와 형용사의 활용 규칙도 거의 예외가 없다. 물론 고급 일본어로 심화되면 복잡하고 어려워지지만 일상적 대화 수준에서는 그리 어렵지 않다. 발음을 보자면 다른 언어와 비교할 때, 일본어는 상대적으로 발음하기가 쉽다. 악센트는 있지만 음의 높낮이에 따라 의미가 달라지는 중국어보단 훨씬 쉽다. 일제 강점기를 겪은 데다, 이러한 초기 접근성이 쉽다는 것 때문에 일본어는 광범위하게 우리 말 속에 안착했다고 보여진다. 여기서 아직도 기술 현장에서 사용되는 일본어를 접해보자.

가네고데かねこて: 쇠흙손. '고데'와 '가네'의 합성어로 고데こて는 불에 달구어 머리 모양을 다듬는 집게처럼 생긴 기구 또는 그 기구로 머리를 다듬는 일. 가네かね는 건설 현장에서 은어처럼 사용되고 있는 말로 직교, 직각을 의미

네지마와시ねじまわし: 나사돌리개

아카지あかじ: 적자. 손해 보는 것

레테르レッテル: 상표지. 상품명이나 제조원 등을 표시한 종이

데모도てもと: 곁꾼. 숙련공을 도와 지시를 받아 작업에 협력하는 인부, 허드레꾼

후키쓰케ふきつけ: 뿜칠, 뿜어 붙이기. 미장 또는 도장재료를 압축공기로 뿜어내 바르거나 칠하는 것

자가네ざがね: 받침쇠. 볼트의 머리 또는 너트 밑에 받쳐대고 죔에 따라 머리나 너트가 부재에 파고들지 않게 하는 볼트의 부속품

간조かんじょう: 셈, 계산

기레빠시きれぱし: 자투리

기리카에きりかえ: 바꾸기, 교체

모도시もどし: 되돌리기

55세의 현장 반장과 25세의 현장 기사. 경험 많은 반장은 젊은 기사가 빠른 시간에 현장을 익히고, 성장해줬으면 하는 바람이 많다. 그래서 나는 시끄럽고 기름 냄새가 나는 현장을 자주 많이 간다. 그래서 현장이 좋다. 나태주 시인의 「풀꽃」에서 "자세히 보아야 예쁘다, 오래 보아야 사랑스럽다, 너도, 그렇다"라고 했다. 자주 보면 좋은 것은 우주의 섭리인 것 같다.

드디어 조 반장도 허 반장도 한 달 후 '강 기사님'이라고 불러주었다. 나는 직책이 있으니 반장님이라고 부르는 대신 이름 뒤에 '씨'를 붙이니 서로를 존중하는 셈으로 호칭 문제가 정리되었다. 경험 많은 작업자와 반장들의 기술을 믿고 빨리 이해

하여 자기 것으로 만들면 되고, 표준화라는 말이 없던 당시에도 표준화 못지않은 그들 나름의 작업 기준은 가지고 있었으니, 그 기준과 규칙을 이해하면 되었다. 책에서 배운 내용은 현장 어디에도 적용할 수 있지만, 그러기에는 많은 시간이 필요하니 부단히 공부해야 한다. 모르는 문제를 만나면 나름대로 연구해서 경험자가 이해할 수 있는 범위 내에서 질문해야지 너무 동떨어진 질문을 하면 안 된다. 즉 노력하지도 않고 질문하면 기술적인 답을 받았을 때 이해하는 데 많은 시간이 필요하고 기사 직위에도 손상을 입는다.

그렇게 자신감이 생기고 작은 인정을 받는 것이 성장의 밑거름이 되는 것은 평범한 진리이지 특별한 것은 아니다. 성실하고 부지런하고 서로 신뢰하는 것이 직장에서 자기 성공의 지름길임을 이해해야 할 것이다. 그들을 이해하고 그들이 나를 이해하게 하는 방법은 그들과 대화하고 고민하고 서로 웃으면서 가깝게 지내면 된다는 것이 내가 경험한 기술이다. 첫 직장에서 한 달 만에 나이 많은 반장으로부터 기사님 소리를 듣고 잔업 신청서에 결재하고 일 년 만에 대리가 될 수 있었던 것은 나만의 작은 자랑이다.

미진금속은 신임 기사가 자기 위치를 확보하면서 열심히 기술을 경험하던 곳, 가공과 사무실에서 도면을 그리고 실제로 만들어 적용도 해보고 새로운 아이디어로 새로운 공구를 만들어내 생산성을 높이고 불량을 줄였다. 때론 칭찬도 받고 때론 꾸중도 들었으니 마음의 고향이다. 기술의 고향이라고 외치고 싶은 미진금속! 그 현장이 지금도 생각난다.

이렇게 나는 미진금속에서 배운 기술을 많이 이용하기도 했다. 관 이음쇠의 구경 가공, 태핑 및 면치, 작업 자동화, 기차의 에어나 스팀을 연결할 때 쓰는 앵글콕Angle Cock(밸브의 일종)의 테이퍼 면 연마 작업을 수동에서 반자동 작업으로 수행하는 기계를 개발했다. 직선 회전운동의 기본 원리인 캠과 크랭크 구조를 사용하여 개발하여 생산성과 품질을 높인 결과는 나로서는 획기적인 실적이었다.

9.
헤라시보리를 배우다 - 메탈 스피닝

첫 직장에서 이런저런 기술을 다양하게 익힌 얼마 뒤 대기업으로 자리를 옮겼다. 경력자로 입사했지만 무언가 새로 시작해야 한다는 느낌을 받았다. 방위산업체였기 때문이다. 탄약을 생산하는 곳이라 정부 관련 연구소와 연계되어 있었고 연구소 직원들이 회사에 상주하며 양산품에 대한 품질보증 업무를 진행했다. 회사 내에서 연구소 관련 업무를 하는 부서가 따로 조직화되어 있었다. 개발본부와 품질보증본부다. 방위산업체에서는 표준화로 시작해서 표준화로 끝나는 작업이 대부분이다. 그것이 몸에 배어 있으니 기술적으로 논쟁을 벌이는 일이 많지 않다. 표준서에서 문제가 발견되면 누구나 기술부서에 변경을 신청하고 바꾸면 된다.(ECN, Engineering Exchange

Notice) 조바심 낼 필요 없이 갖춰진 내규에 따라 업무를 익히면 된다. 무엇보다 정부 관련 연구소와의 업무가 원활해야 할 것 같다는 느낌이 들었다.

탄체라는 부품은 포탄의 종류(박격포탄, 곡사포탄, 직사포탄)에 따라 제조공법이 유사하다. 몸통 부분이 길고 입구를 오므리는 부분이 짧은 경우는 다른 공법을 사용한다. 이러한 탄체를 생산하는 방법 중에 투피스 공법이란 것이 있다. 중심이 되는 몸체는 단조forging 공정을 통해 만들고, 끝 부분을 노징nosing(반원 형태로 절삭 가공하는 것)하여 1차로 준비한다. 여기에 별도로 제작한 어댑터를 브레이징brazing한다. 여기서 어댑터란 탄체 앞부분에 용접하여 연결하는 두 가지 부품 중 하나다.

즉, 놋쇠납, 은납 등을 접착제로 하여 접착부를 가열하고 용해시켜 몸체와 붙이는 것이다. 이것이 투피스 공법이다. 이 용접 공정에 쓰이는 필러메탈filler metal이 바로 은이 포함된 동합금인데, 0.2밀리미터 두께의 박판 스트립strip이다. 이것을 ㄱ자 모양으로 성형하여 두 부품 사이에 끼워 넣고 고주파가열로에서 용접하면 된다.

경력을 인정받고 회사를 옮겨 첫 번째 문제가 발생했다. 기술적으로 해결하기 어려운 문제였다. 얇은 은납 스트립을 ㄱ자 모양으로 성형하는 작업은 처음 경험 해보는 공법이다. 소재는

은이 포함되어 있는 구리로 되어 있어 손으로 모양을 내어 시험은 해보았는데 양산을 위한 규격품을 만드는 아이디어는 회사 안에서는 나오지 않았다.

주말에 차로 한 시간 거리에 사시는 과거의 진남철공소 사장님을 찾아갔다. 당시 아버지는 융창공업주식회사에서 공장장으로 근무하셨는데 이 회사는 굵은 스틸와이어를 실처럼 가는 철선으로 생산하는 신선伸線회사였다. 안부를 여쭙고 여러 대화 중 옮긴 회사에서 근무하기는 어떠냐고 물어보시기에 고민을 말씀드렸다. 용접할 때 녹여서 쓸 박판을 성형해야 하는데 어떻게 해야 할지 모르겠다고. 그러자 하시는 말씀이 "그거야 뭐 헤라시보리 하면 쉬운데!"다. 일본 말에 모르는 기술용어다. 두 번째 설명을 들으니 무슨 뜻인지 이해가 되었다. 먼저 큰 원자재 박판을 원주 길이만큼 절단해 회전 선반에 고정시킨다. 그다음 구둣주걱(헤라へ6)처럼 길쭉한 막대기를 지렛대처럼 고정해두고 선반을 가동시키면 압력이 가해져 박판이 원하는 모양으로 구부러진다는 말씀이시다. 나로선 한 번 더 사장님의 기술력을 인정하지 않을 수 없었다.

이튿날 회사에 출근해 반장을 불렀다. "남 반장! 토요일에 의논한 박판 성형 문제는 헤라시보리로 하면 되니까 준비하세요!" 젊은 놈이 자신에 차서 단정적으로 말하니 놀라는 눈치

다. 그것을 어떻게 알고 있느냐, 무슨 뜻인지는 아느냐고 묻는
것 같았다. 그제야 나는 옛날 사장님께 한 수 배워왔다는 이야
기를 실토했다. 그러자 반장은 자기도 익히 아는 기술인데 미
처 생각을 못해서 미안하다고 말한 다음 나갔다. 점심시간이
끝나자 반장이 나를 찾아왔다. 지금 같이 현장으로 가보자는
것이다. 작업 현장에 도착해보니 그 사이에 공구를 만들어 시
험작업 일발 장진해두고 우리를 기다리고 있다.(부품의 크기는
100밀리미터 외경의 10밀리미터 스트립을 원으로 말아 반을 벤딩하
여 성형한다. 중량은 5그램이다. 헤라시보리 공법은 일종의 대량생산
공법의 일종이다.)

드디어 헤라시보리가 시작되었다. 소재를 미리 가열해두지
않아 구부리는 과정에서 가장자리에 균열이 발생했지만 녹아
없어지는 역할인지라 문제는 없어 보였다. 브레이징 공법은 탄
약의 부품 생산에 많이 쓰이는 공법이라 향후 개발 작업에 긴
요히 사용될 전망이다. 용접 모재raw material에 따라 용재溶齋의
재질과 용접 온도 등도 다르다.

"기술이 있는 사람에게 기술은 상식이고 아무것도 아니지
만, 경험이 없어 모르는 사람에게 기술은 굉장한 설렘이다. 그
래서 공부도 해야 하고 새로운 것을 경험할 때면 내 것으로 만
든 뒤 활용할 수 있어야 한다."

10.
관 이음쇠의 라스팔마스 수출

대리 시절이었으니 미진금속에 입사한 지 일 년이 조금 지난 일이다. 미진금속은 직원이 500명 규모로 주물 공장이 중심이다. 부산의 중소기업 중에서는 규모가 큰 편이다. 관 이음쇠가 주 생산품이면서 주철이나 가단주철로 된 재료를 사용하는, 기관차나 자동차 부품을 생산 납품했다.

1972년이니 수출산업이 본격적이지 않을 때다. 컨테이너를 공장에 세워놓고 수출 물건을 선적하는 회사가 그렇게 많지 않은 시기에 그것도 라스팔마스라는 이름도 익숙하지 않은 곳으로 관 이음쇠를 수출하는 우리는 나름대로 자부심을 품고 작업에 임했다. 종류는 다음과 같다. 엘보Elbow, 티Tee, 유니온Union, 알(반경)이 큰 벤드Bend 등 다양했다.

관 이음쇠의 제조 공정을 간단히 설명해보면 이렇다. 용해로에서 용해된 선철을 고주파 용해로Induction Furnace에서 재용해한다. 그렇게 성분을 맞추고 몰딩 기계(자동 주형 제조기)에서 성형된 주형에 주조하여 형상을 만든다. 다음은 구상화 소둔 열처리를 20여 시간 진행하면 일반 주물이 가단성을 갖는 가단주철이 된다. 가단주철malleable cast iron은 견인성을 갖도록 처리한 주철로서 백심과 흑심 두 종류가 있고, 백심은 백주철을 산화제 속에서 가열하여 주철 중의 탄소를 산화한 것이며 파면은 희다. 흑심은 백주철을 덜 담금질하고 시멘타이트를 분해하여 흑연화한 것이며 파면은 검다. 흑심의 인장강도는 약

| 가단주철로 만든 관 이음새 제품들

$35\sim40\,kg/mm^2$, 신장률은 약 13퍼센트다. 충격을 가하면 깨질 수 있는 특성이 있는 주물을 연신율을 갖게 하여 모양만 약간 바뀌게 되며 파손은 안 된다. 가단주철은 적당한 강도와 연신율Elongation을 가지고 있어 절삭 가공성이 좋아 자동화된 장비로서 양산이 가능한 소재다.

숏블라스트Shot Blast에서 이물질을 제거하여 가공으로 투입되면 자동 탭핑 기계에서 엘보는 두 곳, 티는 세 곳을 동시에 보링, 면치 및 태핑 공정을 거친다. 그 후 완성 제품은 검사공정으로 연결되어 나사 검사는 게이지로 하고, 누수 검사는 검사 장비로 한다. 나머지는 맨눈 검사를 통해 현장에서 사용하기 편리한 방법으로 포장된다. 수출품은 별도 규격으로 포장되어 출하된다.

여기서 가장 중요한 검사 항목은 기계적 성질과 누수 검사다. 기계적 성질은 가단성을 갖는 인장강도와 연신율 검사로서 관 이음쇠 조립의 유연성은 물론 조립 후 적당한 힘의 범위 내에서 견뎌내야 하는 내구성 때문이다. 누수 검사를 위한 에어 테스트Air Test는 관 이음쇠 본연의 목적에 해당하고 중요하기 때문에 100퍼센트 검사를 시행한다.

배관 작업에 필수적으로 사용되는 관 이음쇠에 대하여 간단히 설명했는데 이 간단해 보이는 관 이음쇠가 당시로서는 대단한 수출 효자상품이었다.

관 이음쇠는 배관공사에는 필수적으로 사용되지만 주요하게 생각하지 않는 경향이 있다. 하지만 앞서 설명한 대로 가단주철 그룹을 사용하기 때문에 구상화소둔*이라는 수준 높은 열처리 공정을 수행할 수 있는 설비와 기술을 보유한 회사에서만 양산할 수 있다. 그리고 제품 강도가 높지 않아 주조 후의 가공 방법 또한 복잡하지는 않지만, 자동화되어 생산성이 높아야 하고 균일한 가단성과 조립의 호환성을 충분히 가져야하니 그 품질 관리 또한 중요하다.

중소기업에서 공업제품 수출을 위해 부단히 노력해야 하는 시기였다. 국가적으로 표준화 작업이 확산되지 않아 기술이며 품질을 자체에서 해결해야 한다. 생산성본부라든가 한국표준협회 등의 지원 체계라든지 기반기술 등이 발달하지 못해 전문 부서에 외주도 주지 못하고 자체적으로 모든 것을 처리해야 한다. 즉 KS 규격, 그 하나에만 의존하여 양질의 제품을 만들어내야 한다.

경력을 쌓고 있었던 당시 나는 주조과에서 넘어오는 제품을 가공하는 부서를 맡고 있었다. 가공과는 자동 설비 작업이 대

* 구상화소둔은 소성가공이나 절삭가공성 및 기계적 성질 개선 시 활용된다.

부분이지만 대량생산 설비이니 고장나 장비 가동이 중지되면 문제가 많이 발생한다. 생산량도 문제이지만 중지되어 재가동했을 때 품질의 균일성 확보가 문제였다.

가단주철 제품의 특성 때문에 새로운 주조품이 공급될 때마다 품질의 균일성을 위해 공구의 셋업Setup을 다시 하거나 달리해야 하는데 장비가 고장 나서 재가동할 때는 장비의 특성과 투입 제품의 특성을 모두 관리해야만 충분한 품질을 얻을 수 있다. 이와 같은 품질관리의 문제점은 당시로서는 매우 중요했고 모두 나 혼자 처리해야 했다.

사회에 첫발을 디디면서, 중소기업에서의 수출 검사를 맡으면서 납기를 지키기 위하여 컨테이너가 출발할 때까지 마음을 졸이는 기억을 해보았다. 수출의 역군으로서 말이다.

라스팔마스는 서아프리카 연안에서 약 100킬로미터 떨어진 대서양에 있는 스페인령 카나리아제도 최대의 도시다. 제도 동부의 섬들로 구성되는 라스팔마스주의 주도. 인구 35만 6000명(1996). 그란카나리아섬 동북해안 단구상에 있다. 1478년 카스티야의 군사 거점으로 건설되었고 19세기 말에는 라스팔마스항 옆의 루스항이 완성되어 대서양 항로 기항지로

번영했다. 지금은 농수산물 가공과 조선 등의 공업이 들어서 있고 토마토, 바나나, 수산가공품 등을 수출한다. 온화한 기후, 아름다운 옛 시가지 등으로 관광객이 다수 찾아오고, 항공편도 있어서 두 항을 이용하는 선박 수가 스페인 전체 3위다.

| 라스팔마스 전경

11.
덴푸라 멕기, 아연 용융도금을 배우다

도금의 여러 가지 종류 중에는 덴푸라(튀김) 방법이란 게 있
다. 즉 용해된 아연 탱크 속에 넣어 일정 시간 침적시킨 후에
건져내는 방법이다. 끓는 기름 속에서 새우를 튀겨내는 방법
과 같다고 하여 튀김 도금이라고 한다. 이 공정은 쇼트 블라스
트Shot Blast 장비로 표면이 깨끗하게 스케일 처리된 제품을, 배
럴 산세척Barrel Pickling 공정이 포함된 도금 전처리인 세척 공정
을 통과시키고, 건조 후 플럭스 처리하여, 침적(도금) 후 냉각
및 크롬 처리로 마무리된다.

30년이나 지난 시점이니 학술적인 용어들로 그 공정을 설명
할 수 있지 당시에는 덴푸라 멕기와 같이 표준화되지 않은 일
본어 현장 용어들로 말로만 설명되고 전수되고 할 때다.

| 아연도금 강판

미진금속에 입사한 지 6개월 정도 지나 우리는 아연 도금된 관 이음쇠 생산 주문을 받았다. 나이 많은 이 부장님이 국내에 기술을 도입하며 현장에 장비도 설치하고 시제품 공정도 개발하는데 나는 담당자로 기술을 전수하여 양산해야 했다.

도금 설비는 도금 전처리기 세척 장비, 후 럭스 처리 장비, 도금 조(아연 용융로), Dipping Fixture, 후처리인 크롬 처리 장비 등이 있다. 대부분 자체 제작으로 장비를 확보하는 데 별 어려움이 없었다.

1인치 철판을 1000mm, W×2000mm, L×1000, H 크기로 용접하여 조를 만들고 중유 버너를 설치하면 아연을 녹이는 도금 조가 된다.

후 럭스 처리란 도금 하지용 처리로서 아연 용액이 제품 표면에 잘 부착되게 하기 위한 공정이다. 가장 중요한데도 표준화가 되질 않아 그 성분이 무엇인지는 몰라도 주요한 공정이라는 것은 확실했다. 후 럭스 처리하여 건조가 부족하면 도금 조에 도금을 위하여 침적시킬 때 습기로 인한 증기가 발생해 용액이 튀기 때문에 위험하다. 때로는 작업복에 불이 붙어 구멍이 나기도 했다. 물론 튄 제품은 불량이고 불량이 나면 모두 도금을 벗기고, 재도금해야 하니 이중으로 손해가 나 아주 조심스레 확인해야 한다.

입사 초기만 해도 아주 색다른 기술을 간접적으로 이 부장님으로부터 전수받으니 어려움이 많았고 그와의 세대 차이 또한 극복해야 할 문제였다.

용융 도금을 다시 설명하면 다음과 같다. 도금하려는 철강재에 붙어 있는 미세한 먼지, 기름, 녹 등의 불순물을 완전히 제거하는 게 먼저다. 그리고 약 430~460도씨의 아연 용탕에 피도금물(철강재)을 침적하면 철의 소재와 순도 99.995퍼센트의 아연이 서로 반응하여 철과 합금층이 형성되는 것을 용융아연도금이라 한다.

용융도금의 공정을 구체적으로 설명하면 다음과 같다.

1. 탈지 작업 — 유지 등이 많이 부착된 피도금물은 산세척 전

에 탈지한다. 가성 알칼리로 가열해서 탈지하는 정도로는 불충분하고 트라이클렌trichlene으로 증기 탈지를 하든가 알칼리성 계면활성제를 함유한 탈지제를 사용하는 것이 좋다. 이때 열을 가하여 사용한다.

2. 1차 물 세척 ― 탈지 작업 후 피도금물에 묻어 있는 이물질을 제거한다.

3. 산세척 작업 ― 피도금물의 녹이나 흑피, 물때Scale 제거를 위해 염산이나 황산을 사용하며, 좋은 도금을 원하면 염산을 택하는 것이 좋다. 이때 염산의 농도는 15~20퍼센트의 것을 사용한다. 과잉 산세척을 하면 탄 것과 같은 스마트 현상이 생기기도 한다.

4. 2차 물 세척 ― 피도금물의 표면에 부착된 산 및 철염의 세정과 산세척 중에 합장한 수소를 제거하기 위해 진행하며 흐르는 물에 24시간 정도 침적하는 것이 좋다.

5. 플럭스Flux 사용 목적 ― 철 표면으로부터 모든 불순물 제거, 강재를 침적하는 부문 표면의 산화물 제거 및 강재에 붙어 있는 수분을 제거한다.

6. 용융도금 ― 플럭스 처리된 피도금물을 430~460도씨의 욕탕에 침적시켜 합금 층을 형성한다.

7. 냉각 ― 냉각의 방법에는 공랭식과 수랭식 두 가지가 있고

냉각수 온도는 40~50도씨를 유지해야 한다.

8. 검사 및 후처리 — 검사를 통해 불량품은 재도금하고 후처
리를 통해 완제품을 생산한다.

| 도금 전 처리 장비로 사용되는 바렐 세척기

12.
60밀리미터 박격포탄 탄체 개발

　미진금속은 가단주철을 생산하고 이것을 이용해 관 이음쇠, 즉 파이프와 파이프를 연결하는 쇠를 생산하는 회사다. 가단주철은 펴 늘릴 수 있는 주철, 가단성이 좋은 선철, 즉 백선으로 주조하고 보통 주물의 특성을 유지하면서 형상을 무너뜨리지 않을 정도의 열처리를 함으로써 화학 변화에 따라 점성이 강한 성질을 얻고자 한 주철이다. 더 쉽게 설명하면 주철은 작은 힘으로도 깨지는 특성이 있는데, 약간의 신율Elongation: 伸率을 가미하여 가단성을 부여한 철이다. 주로 자동차, 철도 차량이나 포탄 탄체의 재료로 사용된다. 방위산업 초기에 가단주철 생산업체로서 방위사업체로 지정되었다.

　국방부에서 사용하는 탄약은 국방부 산하에 국방과학연구

| 60mm Mortar Ammunition

소ADD라는 조직을 둬 ADD가 수립한 계획을 국방부가 승인하면 ADD는 방위산업체에 위촉 생산한다. 방위산업체는 탄약의 개발이나 양산에 대한 계약을 국방부와 한다.

미진금속은 국방과학연구소가 주관하는 사업에서 60밀리미터 탄체 개발업체로 선정되어 시제 생산에 참여했다. 탄체의 재질은 가단주철로 용해 주조 열처리를 하여 가단성을 부여하고 탄의 내부 현상은 주조 상태를 그대로 사용하기 때문에 셸코어Shell Core를 사용하면 규격의 기준을 만족할 수 있다. 외부의 모든 형상은 선반을 이용한 기계가공으로 하면 된다.

외부 형상을 보자. 탄체의 두부(앞쪽)는 신관을 조립하기 위해 내부를 나사 가공하고 외부는 병처럼 목둘레가 작다. 미부

(뒤쪽)는 유선형으로 테이퍼를 가지고 있어 전체 외형은 곡선과 테이퍼로 조합되어 있다. 일반 선반으로는 가공할 수 없고 모방선반Copy Lathe을 사용하는데 당사에는 이 장비를 보유하고 있지 않았다.

직원들과 회의하면서 장비가 없으니 보고해야겠다고 하는데 조 반장이 "모방선반이 없으면 일반 선반을 개조할 수 있다"고 의견을 제시했다. 나는 모방선반의 구조도 정확히 몰라 어떻게 개조할 것인지는 전혀 이해할 수 없었다.

그의 설명은 이렇다.

"일반 고속 선반의 세로축 공구대는 나사 축Screw Shaft으로 구동되는데 핸들을 좌우로 돌려서 전, 후진을 시킨다. 이 피딩Feeding을 위한 나사 축을 제거하고 세로 이동장치의 끝부분에 스프링의 힘으로 롤러와 모델을 고정하고 가로 이송대가 이동할 때 새로 이송대 끝단의 롤러가 모방 모델 캠을 따라가면서 외형을 가공한다." 즉, 모방선반의 구조를 전용하여 사용하는 것이라고 설명한다. 신입인 나로서는 상상도 할 수 없는 기술 사항이다.

조 반장은 30년이 넘는 현장 경력 동안 다른 회사에 근무할 때 선반을 개조해본 경험이 있었다. 장인의 경험과 기법에 사람들은 감탄할 뿐이다.

탄체는 용해, 주조, 열처리, 스케일 제거, 두부 가공, 미부 가공, 외형 가공, 세척Wash & Rinse, 검사, 도장 최종 검사, 출하의 공정 순서를 거친다. 외형 가공 공정에 개조된 모방선반이 사용된다. 세척 공정은 장비가 없어 간이세척으로 결정했다.

조 반장의 설명은 일반 절삭 이론을 통해 증명할 수 있었다.

선반의 절삭 이론

1) 테이퍼 절삭 장치를 이용하는 방법

테이퍼 절삭 장치는 가로 이송대의 나사 축과 암나사를 분리하여 가로 이송대를 자유롭게 한 다음, 안내판의 각도를 조정하고 안내 블록을 가로 이송대에 고정하면 필요한 테이프를 정밀도 높게 가공할 수 있다

테이퍼 절삭 장치를 이용할 때의 장점은 가공물 테이퍼 길이와 관계없이 같은 테이퍼로 가공할 수 있다는 점이다. 그리고 넓은 범위의 테이퍼를 가공할 수 있다.

2) 마이크로 칼라 사용법

a. 마이크로 칼라의 원리는 수나사가 암나사 속에서 한 번 회전하면, 그 나사의 1피치만큼 이동한다는 점이다.(그림 참조)

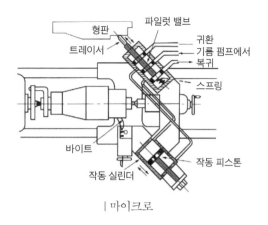

| 마이크로

b. 보통 선반의 가로 이송축 나사 피처는 대부분 4mm로 되어 있다.

c. 마이크로 칼라의 작은 눈금 하나가 나타내는 절입량은 대부분 0.02mm다.

d. 선반에서 지름의 절삭량은 절입량의 2배가 되므로 마이크로 칼라 사용에 유의해아 한다.

e. 마이크로 칼라를 이용한 절입량 계산은 다음 식과 같다.

   절삭량 = 마이크로 칼라 눈금 값(절입량1×2)

f. 세로 이송 핸들의 마이크로 칼라를 이용한 절입량은 1:1다.

참고로 여기서 절입량은 공구가 공작물 속으로 파고드는 거리를 나타낸다. 절입량이 크면 클수록 생산성은 높아지지만,

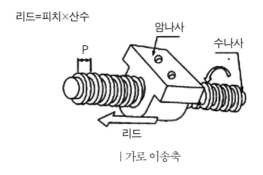

리드=피치×산수

암나사

수나사

P

리드

| 가로 이송축

공구의 종류 및 재질마다 최적의 절입량이 정해져 있다.

공작기계는 생산재를 생산하는 기계다. 다시 말하면 기계
만드는 기계다. 인간의 지식이 발전하면 사용하는 도구도 발전
한다. 도구가 발전하면 지식은 더욱 발전하게 될 것이다. 우수
한 공작기계를 갖고 이것을 사용하여 그와 같은 기계를 만들
어내는 능력은 기업과 사회, 민족과 국가에서 기술적 진보의
원동력이 된다. 다시 말해 보유하고 있는 공작기계의 양은 그
사회의 기술적 진보의 정도를 표시하는 척도가 된다.

영어로 된 정부 도면을 받아 공정을 설정하고 필요한 장비
도 개조를 마쳤다. 급히 장비를 갖추지 못하는 세척 공정은 간
이세척으로 양해를 구하고 진행했다.

100발의 국방색 포탄의 탄체가 생산 완료되었다. 중소기업

에서 기술의 책임자는 초년생이지만 회사의 기술과 조 반장의 기법 등으로 정부 계약분 탄체 개발을 기한 내에 완료하고 나니 기분이 짜릿했다. 가단주철은 절삭 가공성이 아주 좋았다. 선반의 가로 이송대를 수선해 일반 선반을 모방 선반으로 개조하여 탄약의 외부를 가공한 것은, 나로서는 놀라운 신기술의 습득 기회였다.

2년 3개월이 지나 회사를 그만두고, 미진금속의 경력을 인정받고 간단한 면접시험만 치르고 대기업으로 직장을 옮겼다. 이 시절에는 기계공학을 전공한 경력사원을 찾기가 어려워 필요로 하는 회사에서는 이런 방법으로도 채용했다. 탄약을 생산하는 방위산업체다. 1년 전 미진에서 주물로 된 60밀리미터 박격포탄의 탄체를 시제 개발한 경험도 도움이 된 것 같았다. 새로운 도전을 하게 된 것이다. 스스로 우리나라 경제성장률 이상으로 나도 같이 성장해야 한다는 목표를 세웠다. "하늘은 스스로 돕는 자를 돕는다"라고 힘차게 소리쳐보자.

2부

기술을 다루다

13.
풍산금속 입사

꽃 피고 새 우는 봄은 지나가고 있고 강남 갔던 제비가 다시 찾아와 인사한다. 음력으로 삼월 삼짇날이 내 생일이다. 그 무렵 제비가 돌아온다. 나에게는 남다른 계절이다. 푸른빛이 더한 진초록의 향기가 콧속으로 바람 되어 들어온다. 나는 부산에서 서울로 가는 새마을호 창가에 앉아 있었다. 서울에 본사가 있는 대기업에 시험을 치르러 가고 있다. 하루 전날 모처럼 부모님 댁으로 향한다. 아버지는 고척동에 사시면서 융창금속이라는 회사에 공장장으로 근무하고 계신다. 시골에서 농기구 생산회사를 운영하다 실패를 거듭하고 다시 새 출발하셨다. 아버지는 중농 집안에서 태어나 일본에 징용으로 끌려갔다. 다행히 쇠 다루는 기술을 배워와 고향에서 자전거 수리

업부터 시작하셨다. 이것이 철공소까지 발전하여 1960년대 말에는 탈곡기, 제초기, 손수레(리어카) 등을 생산할 만큼 규모도 키웠다. 고향의 발전에 이바지하여 도지사 상도 받았다.

지금으로부터 60년 전인 1973년 5월 10일 아침. 나는 ㈜풍산금속에 첫 출근했다. 스물아홉의 내가 쉰 넷이 될 때까지 25년간 '풍산맨'으로 살아가게 될 운명의 날이 열린 것이다.

풍산은 1968년 전 세계가 격동을 거듭하던 시기에 기간산업의 하나인 동銅 합금 신동공장을 설립했고 그 원료를 주로 사용하는 방위산업에도 참여하여 자주국방의 일익을 담당하고 있었다. 풍산은 또한 창업 이래 30여 년간 비철금속 소재산업과 방위산업에 전념하여 한국 신동산업을 개화·주도해왔으며 한국을 신동산업 강국으로 부상시키는 견인차 소임을 수행했다.

내가 출근한 곳은 창업 이듬해인 1969년 준공된 인천시 부평에 있는 신동공장이었다. 신동공장이란 동Copper을 용해 주조하여 각종 판·봉·대·파이프 등의 형태로 압연Rolling, 압출Extrusion, 인발Drawing, 절단slitting하는 등 동 및 동합금 가공공장을 말한다.

정문에 들어서자 멀리 동 합금 공장이 한눈에 들어왔다. 설레는 마음으로 가까이 다가가니 공장의 한 구역에 칸을 막아,

M-Plant라고 표시해둔 것을 볼 수 있었는데 전화로 설명을 들었던, 앞으로 내가 근무할 부서가 있는 곳이었다. 이곳에 오기 전 미진금속이라는 중소기업에 다니고 있었다. 당시는 직장을 구하기 어려운 때라, 군대에서 제대하고 이곳저곳 원서를 넣다가 어렵게 입사했었다. 그런 만큼 열심히 일하고 있었는데, 같은 부서의 상관이 함께 직장을 옮겨보지 않겠냐는 제안을 해왔다. 그것이 운명이면 운명이었으리라. 한편으로 생각을 깊게 해보니 대기업에서 근무하는 것이 아무래도 미래에 보탬이 될 것 같다는 느낌이 왔고, 비록 상관이지만 구면의 동료와 함께 간다는 것도 안도감을 줘 결정을 내릴 수 있었다.

그렇게 서둘러 회사를 정리하고 첫 출근하는 날 눈에 들어온 'M-Plant'라는 묵직한 영문 표기에서는 일반 산업 현장과는 차원이 다른, 포탄을 제조하는 방위산업체의 육중한 무게감이 나를 압도해왔다.

풍산금속이 창업할 당시는 정부 주도의 경제개발 정책이 막 시행되어 경제 부흥의 토대가 형성된 시기였으나 산업구조의 불균형은 여전히 해소되지 않았고 신동산업을 비롯한 기초소재공업은 태동조차 하지 못했다.

신동산업은 방대한 투자 재원 조달이 불가피한 대표적 장치산업이자 협소한 국내시장 여건 때문에, 그 성공 여부에 대해서는 비관적인 분위기가 지배적인 실정이었다. 이러한 여건에서 풍산은 국가 기초소재산업의 발전 없이는 공업 발전을 기대할 수 없다는 사명감 아래 창업되었고 그 후 한국의 신동산업은 풍산의 발전과 그 궤도를 같이하여 비약적인 발전을 거듭했다.

풍산은 1968년 10월 창업주인 고故 류찬우 회장을 비롯하여 50여 명의 인원과 2200만 원 규모의 자본금으로 출발하여 창립 이듬해인 1969년 부평공장의 준공과 함께 정부의 5대 핵심 업체 하나로 지정되었으며 1973년에는 경주 공장을 준공, 방위 산업을 통한 자주국방의 의지를 실현했다.

이어 1980년에는 온산 신동공장을 또다시 지어 한국을 세계적인 신동 산업국의 대열에 진입시켰으며 아울러 미국 현지 공장이 가동됨으로써 단일기업으로는 세계 3대 신동기업으로 부상하게 된다. 풍산은 창업 이후 30여 년을 동 및 동합금의 개발과 생산에만 전념하여 세계 정상의 신동기업으로 자리하며 한 가지라도 세계 최고의 제품을 만든다는 전문제일주의 경영철학의 모델 기업으로 드러나기도 했다.

자주국방의 기치 아래, 우리가 만든 우리의 것으로 나라를 지키겠다는 생각으로 방위산업체들이 생겨나고 저마다 맡은 분야에서 새로운 것을 개발하고 양산 준비를 하는 시기이니 많은 인력이 필요했다. 그리하여 나도 일반 산업현장에서 이곳으로 옮겨 방위산업의 역군이 될 수 있다고 하니 감회가 깊었다. 자주국방을 위한 방위산업체에서 근무하게 되었으니 말이다. 아마 이런 감정은 전쟁과 가난을 겪어보지 못한 요즘 세대는 이해하기 힘든 종류의 것이리라 생각한다. 하지만 당시의 내 마음은 국가와의 어떤 일체감 속에 벅차올랐다.

사무실 문을 여니 나보다는 10살 정도는 연배로 보이는 김 과장이란 분이 반기면서 입사를 축하해주고 앞으로 같이 잘 해보자고 말을 건네왔다. 그런데 웬걸 채 숨도 돌리기 전에 그가 던진 말이 아직도 기억에 생생하게 남아 있다.

"자네! 경력사원이니 오늘부터 바로 야간근무를 할 수 있겠나?"

입사 첫날 겨우 인사를 마치고 자기 자리도 확인하지 않은 신입사원으로서는 다소 황당한 충격에 휩싸이지 않을 수 없었다. 아무래도 자기가 아는 사람이 소개했고 유사 경력이 있는 사람이라고 하니 편한 마음에 그랬을 수도 있고, 아니면 능력을 시험해보려는 일종의 통과의례 같은 것이 아닐까 하는 느낌도 들었다. 당시는 산업이 고도로 발달하는 추세여서 각 업체가 생산량은 늘려야 하고 고정 인력을 확보하기는 부담이 돼, 주야 12시간 맞교대라는 근무 형태를 도입하던 때였다.

그런데 나더러 야간근무가 가능한지를 묻는 것은 한마디로 말해 밤을 새워서 뭔가를 해야 한다는 말과 똑같은 것이었다. 그런데 당황한 마음과는 반대로 대답은 시원스럽게 나왔다. 전 직장에서 야간근무를 해본 경험도 있고 해서 하겠다고 하니 곧바로 오더order가 떨어졌다.

그것은 350톤 유압 단조프레스 주요 부품 중의 하나인 유압 펌프, 그중에서도 베인 로-터 조립품에서 샤프트를 분해하는 작업이었다. 고장 난 서브 펌프의 로터와 샤프트를 분해하여 로터를 다시 쓰기 위한 작업으로 그렇게 어려운 일은 아니고 전 직장에서의 경험 등으로 쉽게 처리할 수 있는 일이었다.

앞에서도 말했지만, 풍산은 동합금의 용해·주조 및 압연작업으로 동합금 제품을 생산하는 회사다. 국가방위산업에 참가하여 경북 지역에 공장을 신축하고 있고 신동공장인 부평공장에서 국방과학연구소와 탄약 개발을 시작하는 시기였다. 탄체 단조용 프레스가 고장났으나 그 당시는 고장난 부품을 시중에서 쉽게 구매하기 어려우니 "내가 이걸 고치지 못하면 공장이 돌아가지 않는다"는 마음과 함께 첫 업무가 매우 중요한 것임을 느꼈다. 낮에는 기본적인 업무를 파악하고 곧 임무에 들어갔다. 낮에는 다른 기계들이 가동되고 직원들이 일사불란하게 움직이는 터라 본격적인 분해 작업은 저녁 이후에나 가

| 베인 펌프와 분리된 부품

능한 상황이었다.

저녁 식사를 마치고 야간조와 함께 다시 출근해 반장에게 업무를 지시하고 막 자리에 앉는데 김 반장으로부터 급하게 보고가 들어왔다. 내용인즉 분해 작업 중 프레스 하사점 조정이 잘못되어 샤프트에 로터가 조립된 채로 휘어버렸다는 것이다. 입사 첫날에 일을 저질러버린 것이다. 이튿날 아침 김 과장은 출근하여 나를 꾸짖는 일은 뒤로 미룬 듯 휘어버린 베인 샤프트를 확인하고는 청계천 상가에 주문한 유압 펌프의 입고가 가능한지를 확인했다.

12시가 다 되어서야 펌프 한 대가 입고되고 야간근무 시 조립을 해놓으라는 김 과장의 지시를 받고 나는 야간 출근을 위하여 점심시간을 넘겨 퇴근했다. 용량과 크기는 기존 제품과

| 유압프레스

같은 것인데 유압의 입출구가 달라서 작업의 난도가 오히려 더 높아졌다. 등골에서 서늘한 기운이 뻗치는 느낌이었다. 하지만 스스로 다짐을 놓았다. 또 한 번의 실수는 있을 수 없었다. 아침 9시, 드디어 펌프의 굉음 소리와 함께 350톤 단조프레스가 움직이기 시작했다. 김 과장의 출근 시간에 맞춰 과제를 완료시켰던 나는 힘차게 움직이는 단조프레스의 기분 좋은 소음과 함께, 또 김 반장과 함께 첫 임무를 무사히 마친 안도감을 나눌 수 있었다.

회사를 옮기자마자 생긴 일이라 무척이나 당황했으나 김 과장에게서 고장난 부품을 수리하는 동시에 만약에 대비해서 신품을 주문해놓는 주도면밀한 업무의 비결을 배울 수 있었다. 아무튼 무척이나 긴 하루였다. 나는 그때 결혼한 지 막 2년 차에 접어든 새신랑이기도 했다. 이사한 지 얼마 되지 않아 어수선한 분위기가 가시지 않은 집으로 편안한 마음으로 퇴근했다. 당시 큰아들 성웅이 막 돌을 지났고 아내는 둘째를 임신하여 만삭의 몸을 가누느라 미처 남편의 표정을 읽을 여유가 없을 때였다. 입사 첫날에 생긴 희비를 누구와도 나눌 수 없었다. 오늘 그때의 일을 회상하여 여기 글로 적지만, 그동안 부하 직원들의 교육프로그램으로 많이 사용하여 아직도 기억이 생생하다. 특히 친구나 부하 직원들과 소주를 마실 때는 지금보다 더 맛있게 이야기했고 자랑한 에피소드다.

입사 첫날 야간근무를 한 만큼 나는 일복을 타고난 사람일지도 모른다. 풍산에서 내가 한 일은 무척 많다. 25년을 생산·기술·품질 부서를 옮겨 다니며 골고루 근무하면서 최종으로는 탄약 개발 부서와 품질 보증 부서를 거의 20년간 이끌어왔으니 그 실적이야말로 표현하기 어려울 만큼 많다고 생각한다. 이제 환갑을 훌쩍 넘긴 내 몸속에 깊숙이 각인된 그 모든 과정이 그냥 묻히는 게 안타깝기도 하고, 지난날을 되짚어보면서 나의 기술 인생을 일목요연하게 정리하고 싶기도 해서 이렇게 적는 것이다.

탄약을 개발하기 위해 설치한 장비 중에는 내가 경험해보지 못한 장비가 많았다. 특히 유압 단조프레스Hydraulic Forging Press와 고주파 가열로High Frequency Heating Furnace 등은 나로서는 첨단 장비이고 특히 버튼 하나를 누르니 가열 코일 속에 있는 쇠뭉치가 몇 초 만에 1000°c가 넘도록 가열되는 것을 보니 신기하기도 했다. 탄체의 소재로는 탄소 강재 Rolled Carbon Steel를 사용해야 하는데 당시는 국내 기술로 개발한 소재가 내부에 결함이 있었고 특히 큰 치수(130mm Square Bar)는 압연이 되질 않아 주조 빌레트Casting Billet를 사용하다보니 내부에 기공이 많고 커서 가공을 하여 도려내 단조 소재로 사용하곤 했다. 이같이 1970년대 초에는 국내 공업이 경공업에서 중공업으로 전환되는 초기 단계여서 관련된 산업이 같이 발달해주지를 못해, 첨단 기술이 투입되는 방위산업 제품을 개발하고 양산하기 위해서는 각 회사에서 중복 내지는 필요치 않은 투자까지도 감수해야 했다.

예를 들면 단조 공구나 치공구 등은 자체에서 제조할 수 있는 설비를 보유·가동해야 하고 특히 생산된 제품의 검사를 위한 정밀 게이지도 자체에서 제작해야 하는 시기였다. 지금은 관련 산업의 분업화가 잘 되어 있어 금형, 치공구 및 게이지 등은 외주 처리할 수가 있다.

시간이 지날수록 나는 서서히 풍산맨이 되어 갔다. 앞으로 탄약 전문가가 되어야 하고 새로 옮긴 회사에서 개인의 장도 열어야 한다. 설렘으로 출근한 마음이지만 목표를 세워서 나중에는 성공한 직장인이 될 수 있도록 마음을 잘 다스려야 될 것이다.

14.
직장에서의 현실

1974년 봄의 일이다. 전 직장에서 3년을 지내고 풍산금속에서 1년, 합하여 직장생활한 지 4년밖에 되지 않았는데 하루하루가 너무 지루해졌다. 지난해 이 무렵 부평공장으로 입사하여 경주 공장에 이르기까지 1년밖에 지나지 않았건만 직장에서 권태기가 왔단 말인가? 참으로 이상한 현실이 닥쳐오니 스스로 문제가 많다고 여겨졌다.

부평공장에 입사해 4.2″ 탄약을 개발하면서 경북 경주에 신축하는 공장으로 장비와 인원 79명을 모두 데리고 이사를 와야 했기 때문에 나로서는 무척 긴 1년이었고 그때 이후 어디에서든 그만큼 일해본 기억이 없을 정도로 바쁘고 힘들었다. 기쁨 뒤에 오는 허탈인지 요즘엔 도저히 일이 손에 잡히질 않고 어디론가 탈출하고 싶은 심정이다. 동료로는 한 대리가 있었고 상관으로는 김 과장이 있었는데 그 김 과장과의 관계도 문제였다. 그 때문인지 현재를 바꿔버리고 싶은 심정으로 답답한 며칠을 보내고 박 차장을 찾아갔다. 도저히 싫증이 나서 근무를 못하겠고 회사를 옮겨보고 싶다고 이야기하니 그는 놀라면서 무슨 이유인지 말을 해보라고 한다.

특별한 것은 없고 김 과장도 그렇고 하면서 얼버무리니 알았다면서 "이제 곧 기술부가 조직 개편으로 신설되니 기술과장으로 보직을 옮겨 환경을 바꿔보는 것이 어떻겠느냐"는 제안을 받았다. 생각해보기로 하고 머리도 식힐 겸 조퇴하고 집으로 왔다.

박 차장은 조병창 출신으로 전 직장인 미진금속에서 만났고 나는 박 차장을 따라 1년 후 풍산금속으로 옮긴 것이다. 회사 생활에서 그를 대하기가 늘 편안했던 것은 아니다. 하지만 당시는 의형제까지 결의한 사이이니 그는 어느 시점까지는 내 삶의 길잡이 역할을 확실히 했던 사람이었다.

이렇게 나는 기술과장, 조 과장은 개발과장 보직을 받고 기술부에서의 생활이 시작되었다. 6개월 후에는 미국 출장도 다녀오고 바쁜 생활이 이어지고 있는데 공장장으로부터 전화가 왔다. 그것도 아주 무거운 톤으로 말이다. 급히 공장장실로 찾

111

아가니 김 차장, 박 차장 그리고 두 임원 모두가 어두운 표정이었다.

"공장장님이 강 과장 너를 2공장으로 보직을 다시 옮기라고 지시하셨다."

2공장 김 과장이 병원에 입원하는 바람에 김 차장에게 2공장 근무를 지시하셨는데, 2공장은 강 과장이 없으면 안 된다고 해서 보내는 것이니 열심히 근무하라는 얘기다.

자리에 올라오니 바로 앞쪽 부장 라인 쪽에 앉아 있는 박 차장이 불렀다. 따라서 나가니, 대뜸 "네가 2공장 보직을 자청한 것이 아니냐?"고 묻는다. 그도 그럴 것이 미국 출장 시 자신과 껄끄러웠던 걸 알고 있었기 때문이다. 나는 모르는 일이고 미국에서의 일은 내가 먼저 잊어버린다고 약속을 한 것이니 오해 없기를 바란다고 분명히 말했다. 아무튼 3년 가까운 기술과장 경력을 쌓고 첫 입사 공장의 생산과장으로 보직을 다시 받아오니 친정으로 돌아온 느낌이다.

입사 당시 부평공장에서 나를 맞이해주던 김 과장이 차장이 되어 나를 다시 자기 부하로 부른 것이다. 그는 입사 첫날 내가 경력사원이라고 야간근무를 시킨 장본인이다. 반갑고 고마운 마음을 전하고 현장 순찰을 나가는데, 강 과장! 하고 김 차장이 부른다. 돌아서 지시를 받는데 한 과장과 둘이 주야 교대근무를 하는데 네가 오늘 야간근무를 하라는 지시이니 이는 묘한 관계가 아니고서는 이럴 수가 없다, 왜 김 차장은 나만 보면 야간근무를 지시하는가.

부평공장으로 입사하는 첫날에 나에게 야간근무를 명한 김 차장님은 내가 존경하는 기술자다. 그래서인지 오늘도 그의 지시대로 야간근무를 하기로 했다.

과장이란 직함으로 작업자들과 똑같은 야간근무를 하기는 그리 쉬운 일이 아니었다. 맡은 업무의 절반씩을 나누어서 관리해야 하고 퇴근하면 업무를 잊어버리고 출근하면 한 대리가 해놓은 일을 조정하거나 바꾸기도 해야 하고 말이다. CNC 선반도 들어오고 새로운 탄약 개발이 끝나 양산하고 공장을 증축하여 또 옮기고 나는 건평만 1만 평이 넘는 새 공장에서 단조과장의 보직을 이어갔다. 유 과장이 개발과장 보직으로 근무하는데 또 무언가가 모자라고 울적하고 하루를 지내는데 무척이나 지루한 시기가 또 찾아온 것 같다. 그때가 1978년이니 4년 주기로 이런 생각이 찾아오는 게 참 이상하다!

회사를 옮겨볼까 하는 마음으로 강 실장과 의논하니 삼성 계열사를 소개해주었다. 그런데 풍산과의 인연이 그걸로 끝은 아닌 모양이었다. 이력서를 쓰고 그쪽 회장과의 면접을 위해 여러 가지 입사 시험을 준비하고 있는데 차장으로 진급이 됐다는 전갈이 왔다. 그냥 차장이 아니라 보직이 202 제조부장 직무대리라는 것이었다. 진급 문제가 회사를 옮기겠다는 이유는 아니었는데, 진급하고 마음이 바뀐 것은 왜일까. 모르겠다. 아무튼 과장까지는 참모직이니 느낌은 확실히 다르다. 게다가 차장이지만 부서를 책임지는 부장 직무대리 차장이다. 한동안 맡은 직무를 충실히 수행하면서 바쁘게 생활했다. 이것을 끝으로 직장에서 지루하다느니, 회사를 옮긴다느니 하는 생각을 갖지 않게 되었다. 나는 직장생활을 하면서 하루 근무 8시간을 어떻게 하면 빨리 보낼 수 있는지 방법을 찾으면서 생활해 왔고 부하 직원들에게도 항상 그 이야기를 해왔다.

직장에서 하루의 시간이 빠르게 지나가려면 바빠야 한다. 바쁘려면 일이 재미있어야 하고, 성과가 있는 일을 찾아야 한다. 상부의 지시를 이해하고 수행해야지 그냥 시킨 대로 시행만 하면 일의 묘미를 모른다. 시간이 빨리 흐르지 않으면 그 원인을 분석해야 한다. 아침에 출근하면서 미소를 지어야 하고 오늘의 불만은 오늘에 풀어야 퇴근할 때 웃을 수 있다.

그러다가 정부 시책으로 방위산업 규모 감소 정책이 발표되었다. 아마 1980년대 초반인 듯싶다. 관련 연구소인 국립과학연구소가 인원 감축 등을 집행하니 업체도 구조조정에 들어갈 수밖에 없었다. 그때 내가 부장 직무대리로 있던 202 제조

부가 201 제조부로 통합되었다. 한 부서를 맡아 일을 해온 입장에서는 아쉬웠지만, 나는 차장으로 201 제조부장 밑에서 약간 여유 있는 생활을 하게 되었다. 본부장으로 박 이사가 오고 1개월이 지나서인가 박 이사가 불러서 가니 이제 놀 만큼 놀았으니 개발차장을 한번 해보지 않겠냐고 물어보는 것이다.

생산부 과장과 차장 근무를 3년쯤인가 하고 기술개발 쪽으로 옮기니 또 새로운 환경과 조직의 부하와 상관들에게 적응해야 했다. 그리고 개발 담당은 국방과학연구소 직원들을 상대하여 일해야 하니 무척이나 바쁘고 중요한 직책이며 기술 영업도 수행해야 한다.

새 보직을 받고 근무한 지 6개월쯤 지나서인가 회장님이 불러서 갔다. 별도의 방에서 특별한 인원을 편성하여 극비리에 새로운 탄약을 개발하라는 지시다. 국방과학연구소 모르게, 성공하면 성과보수도 3억 원이라고 제시하면서 말이다.

지시받고 자리에 와서 생각에 잠겼다. 직장생활을 하면서 처음으로 회장님께서 직접 지시하는 개발업무를 맡았으니 그것도 성과보수를 3억 원을 준다는 지시를 받았으니 나로서는 흥분되고 감사하고 영광된 일이었다. 물론 회장님이 특별 지시한 제품은 6개월 전부터 개발업무를 착수하여 진행 중이었던 것이다. 아무튼 그 개발업무를 다른 모든 일보다 우선적으로 진행하여 성과를 매일 쌓아가며 1개월이 지났다. 그 무렵 회장님이 내일 공장에 오신다는 사내 공고가 떴다. 그러니 회장님의 관심 품목 개발을 맡은 나는 발에 불이 날 수밖에 없다. 공장장이 불러 가서 준비 보고하고, 나는 나대로 현장에 부품을 디스플레이 해놓고 그에 맞는 보고서를 정리하느라고 하루가 정신없이 돌아갔다.

회장님은 아침 일찍 오셨다. 임원들만 기다리며 도열하고 있는데 차장인 내가 감히 같이 서 있으면서 회장님을 맞이하니 기분이 이상하고 좋았다.

도착하셨다. 자리에 앉으시자 하시는 말씀이 "강 차장 그건 어떻게 되었나?"고 물으신다. 나는 부품 개발을 완료하고 시험 대기 중이라고 말씀드렸다. 그러니 놀라시면서 "너 지금 뭐라고 했느냐?"라면서 다시 물으시는 것이다. 그래서 나는 다시 "규격서와 도면에 의거해 개발된 제품이 현장에 공정별로 정리 진열되어 있습니다"라고 보고하니 "그럼, 가서 보자"고 하시면서 제품이 정리된 최종검사실로 왔다. 회장님은 일일이 손으로 만져보면서 나를 한 번씩 쳐다보신다. 내 명찰을 보시더니 "강남석 차장! 이 제품이 도면과 규격에 맞은 제품이죠?" 하셨다. 그 표정에 만족에 따른 웃음이 만연했던 기억이 아직도 생생하다. 사주가 자신이 고용한 직원에게 잘 뽑았다는 보람을

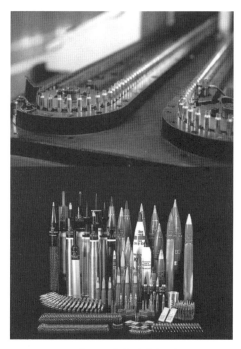

| (주)풍산금속에서 생산한 제품들

느끼고 좋아한다는 것은, 직원 당사자에게는 엄청난 기쁨이다. 지금도 그 느낌을 정확하고 진실하게 기억하고 있다.

그날 이후 회장님은 강 차장이라는 직함 대신 한동안 "강남석"이라고 내 이름을 부르셨다. 이 기회로 부장, 이사보, 이사를 거쳐 상무까지 오르게 되었고 성과보수는 달라고 말 못해서인지 아직도 못 받고 있다. 그렇지만 부장에서 이사까지 9년, 상무이사로 5년 약 14년 동안 근무하면서 나는 회장님의 사랑과 믿음 속에서 열심히 즐겁게 직장생활하며 많은 실적도 쌓았다.

1986년 특별 지시한 개발 탄약의 최종시험에서 합격을 받고 출장 후 공장에 도착하여 공장장에게 보고하러 들어가니 회장님께서 와 계셨다. 같이 보고를 마치고 나오려는데, "미국 코네티컷에 있는 Century Brass Co.에 가서 개발 탄약 양산에 필요한 장비가 있는지 알아봐"라고 하신다. 이 시기는 온산공장 증설을 위하여 동종 업체인 미국 회사의 중고 설비를 구매해놓고 해체 이동작업 중인 시기였다.

1개월의 출장을 계획하고 미국 로스앤젤레스에 있는 지사에 도착하니 직원들이 나를 맞이하는 자세가 전과 많이 달라진 사실을 알 수 있었다. 회장님 총애를 받으면서 특별 공로 휴가로 출장을 온 사람이라고 직원들 환영이 대단했다. 물론 본인인 나는 모르는 일이고 그런 표시를 하지 않았다.

2주일쯤 지나 회장님께서 미국에 오셨다. 간부들과 모임을 같이 할 때 신 개발탄의 개발 동기를 말씀하셨는데 미국 고위층 간부로부터 거액의 금액을 주면 기술을 제공하겠다는 제의를 받았는데 도저히 자존심이 허락하지 않아 거부하고 공장

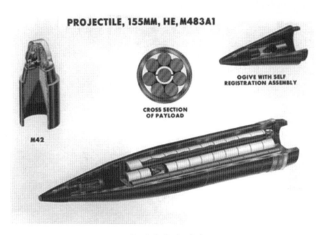

| 신 개발탄의 원리

에 지시하게 되었고 공장에서는 회장님의 지시 사항을 실행하여 자체의 기술력으로 개발에 성공하니 기분이 매우 좋다는 배경설명을 들을 수 있었다.

전날에도 회장님께 그 미국 관리가 다시 제안을 해왔는데 회장님은 속으로, '이놈들아 우리는 벌써 개발 끝내고 양산 준비를 위해 장비를 구매하러 왔다' 했다며 웃으셨다. 오너로서 기업인으로서 계획된 사업을 성공리에 끝낼 수 있을 때 느끼는 감정을, 초급간부로서는 그 뜻을 정확히 이해할 수는 없겠지만 회장님만큼의 기쁜 마음은 아니라도 나도 기분이 매우

좋다. 속으로 얼마나 어깨가 으쓱하셨을까 생각하니 부하로서
기쁨을 드린 것에 대해 깊이 만족했다.

15.
첫 미국 출장

1975년 1월 말, 설을 며칠 앞두고 외국으로 가는 비행기에
올랐다. 첫 외국 여행이다. 그것도 천국으로만 알았던 미국, 거
기서도 가장 크고 화려한 도시 뉴욕, 케네디 공항으로 향하는
대한항공 여객기다. 배가 불룩하다 못해 찢어질 듯한 가방을
끙끙대며 비행기 안으로 가져와 승무원의 도움으로 겨우 선반
에 올려놓고 한숨을 돌린다. 참으로 시골 촌뜨기의 모습이 이
런 것인지 지금도 생각하면 그때의 모습이 선하게 떠오른다.

출장 목적은 20mm 발칸 탄약의 제조 기술을 도입하여 탄
약 생산을 본격화하기 위한 것이었다. 현장 기술 연수는 물론
도면과 규격서 및 절차서 등 TDP(Technical Data Package)를
확보하는 등 종합 계획을 수립하여 최단 시간에 양질의 탄약

| 20mm Ammunition / 20mm Brass Case

을 개발하기 위해 미국의 관련 방위산업체에 방문하게 됐다. 풍산은 순수 민간 기업으로서 방위산업 초기 국가의 정책에 적극적으로 순응해야 했다. 우선 기업 예산으로 먼저 개발한 뒤 납품하면서 투자된 자금을 회수하는 방법으로 기술 도입을 선택한 것이다. 물론 방위산업에 관한 정부 시책의 범위 안에서 업체의 기술 도입 계획은 정부로부터 사전 승인을 받아야 한다.

한겨울에 떠나는 해외 출장이라 당시 유행한 '엑스란 내복'을 입고 있었다. 추운 것을 못 견디는 체질이라 고교 시절에도 겨울이면 꼭 내복을 입는 습관이 있었다. 그런데 예상과는 달리 비행기 안은 무척 더웠다. 비행기 진동도 심해 불안한 가운데 머리에 열이 오르면서 아프고 말이 아니었다. 경험 없는 첫

해외 출장이니 긴장한 탓이리라. 중간 기착지인 하와이 공항에 내릴 때까지의 시간은 어떻게 흘렀는지도 모르겠고 비행기에서 내리니 온몸에 땀이 흥건했다.

당시에는 해외로 나가는 승객이 별로 없어 비행기가 작았다. 뉴욕까지 논스톱으로 가는 항공편도 없어 하와이에 중간 기착해 연료도 넣고 승객도 채우는 식이었다. 하와이 공항을 이리저리 다니며 구경하다가 비행기 출발시간이 되었다. 그런데 대한항공에서는 아무런 안내방송도 내보내지 않는다. 궁금하게 기다리고 있는데 방송이 나온다. 비행기가 고장 나 내일 오전 10시에 출발한다는 내용이다. 하와이에서 1박을 하고 내일 출발하니 안내를 따라 행동하란다. 우리는 하와이 시내 와이키키 해변에 있는 KAL 호텔에서 개인별로 객실을 배정받았다.

촌놈이 하와이 와이키키 호텔에서 묵게 됐으니 비행기 고장이 오히려 고마운 느낌이 들 정도였다. 짐을 풀고 뜻밖의 자유 시간을 즐기기 위해 밖으로 나왔다. 가장 먼저 내복부터 벗어야 열대 지방의 온도를 견딜 것 같았다. 첫 외국 여행길이고 경험도 없어 입은 내복이지만 추운 겨울에 외국으로 출장 가는 남편을 위해 없는 돈에 비싼 내복을 입혀 보낸 아내를 생각하니 없는 집에 와서 고생한다 싶어 가슴이 뭉클해지기도 했다. 비행기 고장으로 인한 중간 기착지에서의 체류 경비 일체는 항공사에서 부담한다. 그래서 나처럼 급한 용무가 없는 사람들은 비행기 고장으로 계획에도 없는 하와이 구경도 다 해보게 되니 얼마나 좋은 일인가.

오후 3시가 조금 지나 해가 지려면 시간이 많이 남았다. 와이키키 해변으로 나오니 수영하는 사람들이 가득했고 조금 먼 바다에는 윈드서핑을 즐기는 이도 많아 영화에서만 볼 수 있었던 장면이다. 거기 나도 같이 끼고 싶어 수영복을 빌려 그들 속으로 들어가 즐겼다. 백인만 있는 게 아니라 동양인도 많고, 토착민도 함께 있으니 내가 어디서 왔다는 것은 전혀 문제가 되지 않았다. 물이 시원하고 좋아 시간이 그냥 지나갔다.

어두워지기도 하고 출출해서 가까이에 있는 스테이크하우스를 찾았다. 웨이트리스가 와서 메뉴판을 주며 "웰컴"하고 가버린다. 천천히 고르라는 말이겠지 싶어 메뉴판을 들여다보는데 도통 모르겠다. 안 되겠다 싶어 그림을 가리키면 되겠기에 기다리는데 웨이터가 다시 왔다. 스테이크처럼 보이는 걸 가리키며 "디스 쓰리"하니 알아듣는 눈치다. 그런데 그냥 가지 않고 여러 가지를 묻는다. 지금은 알지만, 그때는 몰랐다. 식사 전 음료수는? 고기 익힘은 덜, 중간, 많이? 식사하면서 와인은? 등등. 기분에 와인도 한 잔 시켰다. 가격에 비해 양이 푸짐했다. 배도 부르고 기분도 좋은 와이키키의 밤은 그렇게 조용히 지나갔다.

드디어 미국의 본토인 케네디 공항에 도착했다. 입국 절차를 거치고 세관을 통과해 미국 땅을 처음으로 밟은 것이다. 그런데 1시간을 기다려도 마중 나온다는 사람은 소식이 없다. 외국인에게는 가장 험악한 곳으로 유명한 뉴욕 지하철역에는 험상궂고 덩치가 큰 사람들, 몸에 문신하고 눈빛이 게슴츠레한 이도 많았다. 불편하고 겁이 나서 일행을 돌아보니 나만 그런 게 아니라 같이 간 박 차장도 마찬가지인 듯했다.

침묵은 흐르고 불안은 더 깊어가는데, 저쪽에서 마중 나온 최 차장이 반갑게 우리를 부른다. 지옥에서 천사를 만난 기분으로 서둘러 그를 따라 뉴욕지사 사무실에 왔다. 최 차장도 우리보다 불과 일주일 먼저 미국에 온 출장자이니 인사를 길게 나누고 할 여유도 없었다. 사무실에서는 기술 도입사인 갈리언 암코Galion Armco사에 가기 전 일주일을 뉴욕에서 대기한다는 계획을 간략히 들려주었다. 드디어 뉴욕에서의 숙소인 호텔에 도착했다.

세계에서 가장 큰 도시 뉴욕의 맨해튼에서 일주일을 지내야 하는데 예약된 호텔 로비 데스크의 체크인 과정이 영 별로다. 호텔 규모도 원체 작은데다 사람들 차림새도 세련된 뉴욕과는 어울리지 않는다. 엘리베이터도 삐걱거리는 구형이었고 그들이 쓰는 영어는 한 단어도 못 알아듣겠다. 먹는 것도 입에 맞질 않으니 더욱더 고생이다. 미국 출장 생활의 출발은 그야말로 견디기 어려움 그 자체다.

목적지에 도착하기도 전에 문제만 보이고 왜 왔나 생각이 들 만큼 불만만 계속 쌓여갔다. 다른 공무원이나 대기업처럼 선발에서부터 충분하게 교육해 외국에 내보내는 절차를 밟지 않은 것 때문일까 생각해봤지만 그런 것 때문은 아니었다. 한국에서 내가 처한 환경이 무척 수준 낮고 집과 회사만 오가던 생활을 하다가 확 바뀐 환경에 처해서 그런 것 같았다. 한국에 있을 때 서울 반도호텔에 가서 커피도 마셔보고 지나다니는 외국인들도 미리 구경해보고 왔으면 조금은 나았을 텐데 하는 생각이 들었다.

첫날은 뉴욕지사장의 저녁 만찬에 초대되었다. 뉴욕 소호의 독보적인 한식당 우래옥에서 한국 음식을 먹는데 바다 건너온 지 얼마나 되었다고, 된장찌개가 곁들어진 육회비빔밥이 입안에서 살살 녹는다. 한국 음식에 굶주린 교포들은 한국에서 온 손님맞이에는 무조건 한식당이 최고라고 한다. 소주도 곁들었으니 얼굴들이 불콰해졌다. 맨해튼의 밤거리가 너무 이색적이고 화려했다.

이튿날이다. 지사에 출근해 한 달간의 교육 계획을 다시 작성했다. 오하이오에 있는 회사의 확인도 받고 가는 일자에 맞는 비행기 일정도 확인하고 숙소는 호텔로 정했다. 그러다보니 금세 퇴근 시간이다. 오늘은 우리끼리 저녁의 번화가를 산책하며 극장을 향했다. 극장이 한곳에 몰려 있어 관객들이 골라볼 수 있는 구조다. 로맨스가 있는 서부영화를 골랐다. 자막이 없는 미국 영화를 본다는 게 쉬운 일은 아니었다.

낯선 곳에서의 긴 기다림이 끝나고 드디어 뉴욕에서 비행기를 타고 오하이오주에 있는 도시 갈리온에 도착했다. 여기가 연수받을 암코사 소재지다. OJT 교육(On Job Training)이 시작되었다. 갈리온 암코사는 20mm 탄약에 드는 퓨즈 부품을 생산하는 회사다. 대량생산에 적합한 다축자동선반 6-Spindle Acme Bar Machine을 많이 보유하고 있었다. 우리는 OJT 교육을 통해 퓨즈 바디를 가공하는 현장 작업자의 장비 운전 기술 및 가공 기술을 익혀야 했다. 하지만 나에게는 미국인과 처음으로 영어로 대화하면서 궁금한 부분도 해결해야 하니 더욱 어렵고 역사적인 일이기도 했다. 어쨌든 장비의 기능은 물론 제조 방법까지 생산 현장의 모든 노하우를 배우자고 마음을 굳게 먹었다.

영어 얘기를 하니 에피소드 하나가 떠오른다. 'one thousand'이라는 단어 때문에 생긴 일이다. 교육을 담당한 암코사

직원 제임스 씨가 퓨즈 바디를 가공하는 장비의 툴 홀더에 드릴을 조립할 때였다. 홀더 왼쪽에 셋업 시 드릴 움직임을 느낄 수 있도록 왼손을 대고 드릴 오른쪽 끝을 스패너로 움직이게 톡 치면서 나를 보고 "원 사우즌"이라고 했다. 당시 현장에서는 그 말이 1/1000인치가 움직였음을 뜻하는 말로 감각적으로 이해했는데, 퇴근해서 숙소로 돌아와 오늘의 작업 사항을 정리하는데 그 뜻을 영 이해하지 못해 헤맨 것이다. 그는 분명 스패너 공구를 들고 드릴 홀드에서 드릴을 톡 치면서 '원 사우즌'이 움직였다고 내게 말했다. 왜 현장에서는 바로 이해한 것을 지금은 못하는가? 회화 실력이 모자라서라고 생각하니 평소에 영어 회화 공부를 안 한 것이 후회되기도 했다. 특히 영어로는 숫자를 표현하기도, 듣기도 어려워서 힘들었다.

어려운 영어 교육연수를 포함해 2주를 보내고 다음 주부터는 자동 선반의 일종인 다벤포트Davenport라는 장비로 로터볼을 가공하는 새 기술자를 만나야 한다. 미국 첫 출장, 미국 사람과 영어로 대화하기, 현장에서의 장비 운전 OJT 등 새롭고 신기한 일정들로 벌써 3주일이 훌쩍 지나 있었다. 뉴욕에서의 일주일을 합쳐 겨우 3주 동안 교육받으면서 제임스 씨와 더 듬더듬 대화할 수 있게 되었는데 새로운 사람을 만나 대화가 되지 않으면 어떻게 하나 고민이 되었다. Davenport 5-Spindle Bar M/C에 대해 가르쳐줄 사람은 톰 씨였다. 그가 "당신의 담당자"라고 인사를 하는데 그 말부터 도저히 무슨 뜻인지 알아듣지 못했다. 그는 독일계 미국인으로 악센트가 강하고 빨라 급하게 쏟아내듯 얘기하는 터라 서로 이해하는 데 더욱 시간이 걸렸다. 하지만 일은 시작되었고 눈짓, 손짓 등으로 우리는 친해질 수 있었다. 죽으라는 법은 없나 보다. 그렇게 또 2주가 지나니 어느새 떠나야 하는 날이 되었다.

갈리온 암코사에서 퓨즈 가공에 대한 OJT를 끝낸 우리는 위스콘신주 밀워키시에 있는 암론 코퍼레이션Armron Corporation으로 옮겨야 했다. 한 달 동안 미국이란 나라를 알게 해주었고 미국 말에 적응할 수 있었던, 조용하고 평온한 시골 마을 갈리온을 떠나야 하니 몹시도 아쉬웠다. 특히 우리를 안내해주고 보살펴주던 부케너 씨 가족과 헤어지는 일이 애석했다. 부케너 가족의 7살 딸 린다 공주가 헤어짐의 슬픔을 느껴 울어버리는 통에 그걸 달래느라 진땀을 빼기도 했다. 이별의 아쉬움은 우리도 마찬가지였고 서운함을 달래고 있는 부케너 씨의 모습을 뒤돌아보며 암코사를 떠나야 했다.

암론사에 오니 벤디 씨가 반갑게 맞아주었다. 여기서는 김 기사가 곧 합류하게 되어 아파트 한 채를 빌려 지내기로 했다. 월세 600달러를 셋이 함께 나누면 200달러이고 여기 30달러

정도를 보태 230달러면 한 사람의 숙식은 해결되었다. 차장은 하루 30달러, 대리인 나는 25달러, 김 기사는 일당 20달러로 출장비를 받아왔으니 적자는 아니었는데 그는 불만이다. 셋이 똑같이 자고 먹는데 일당 차이가 크다고 툴툴대니 박 차장 말씀이 "억울하면 출세해라"다. 김 기사는 미련한 짓은 안 하기로 하면서 넘어갈 수밖에 없었다. 그러면서 함께 지낼 집에서 지켜야 할 규율이 정해졌다. 한 사람은 밥, 한 사람은 반찬, 한 사람은 설거지하는 것으로 말이다. 김 기사는 뭘 맡았을까. 막내라 설거지 담당이다. 남자들이 객지에서 의식주를 해결하는 방법을 우리 식대로 정했다.

이 회사는 중구 경탄을 생산하는 기업으로 완성 탄을 조립 검사하는 공정을 갖춘 종합 방산공장이다. 규모가 대단하고 우리에게 기술을 이전해주는 교육도 만족할 만큼 이루어지고 있다. 황동 탄피Brass Case 생산 설비에서 탄피도 만들어보고 연수 작업이 끝나면 우리가 구매하고 연수한 장비는 현장에서 철거시켜 포장한 뒤 한국으로 보내는 일까지 확인해야 한다. 황동으로 만든 케이스(탄피) 부품은 완성 탄으로 조립되어 안전도 시험을 거치는데 나는 사격시험장에서 실제 사격도 해보면서 충실히 연수 교육에 임했다. 그런데 문제가 생겨버리고 말았다.

향수병home-sick이 온 것이다. 게다가 박 차장과 업무적으로 상충되는 부분도 있어 상관인 그에게 조기 귀국을 요청했으니 미국에 온 지 두 달이 지났을 때다. 전체 일정을 마치자면 앞으로 4개월을 더 미국에 있어야 한다. 나는 아내도 보고 싶지만, 애들이 보고 싶어 도저히 참을 수 없었다. 그러니 하는 일마다 짜증이고 박 차장과 부딪히니 도저히 더는 참을 수 없어 김 기사 임무와 귀국 일정을 바꿔 돌아오니 미국 땅에서 정확히 100일을 살고 온 것이 되었다. 지금 그 일을 돌아보면서 당시 우리를 도와준 모든 이에게 고맙다는 말을 전하고 싶다. 특히 암론사의 벤디 씨가 박 차장에게 왜 기술이 좋은 강 대리를 먼저 귀국시키느냐고 불만을 표시한 일에 대해 정확하게 설명하지 못한 게 유감이 크다. 그 미안함을 그를 떠올리며 이 자리에서 밝혀본다. "I'm sorry that I can't tell you a exact reason for my early back to Korea at this moment because of my home sick for my two sons and have trouble with Mr. Park on business."

김포공항에 내리니 아내가 큰아들을 안고 마중 나와 있었다. 아내에게 간단히 인사말을 하고 아이를 안았다. 아빠 보고 싶었다면서 그 어린놈이 엉엉 눈물을 흘리니 가슴이 무너지면서 더 늦게 왔으면 어땠을까 할 정도로 잘 왔다 싶었다. "그래

아빠도 보고 싶었어"라고 하니 그때부터 웃으며 "엄마! 아빠 왔어!" 하며 품에서 내려 뛰면서 좋아했다. 그제야 나도 기다리고 있는 아내에게 가까이 갈 수 있었다. 첫 인사가 너무 무뚝뚝한 감이 있어 아내에게 조금 미안한 마음이 들었다.

택시를 탄 아내는 완전히 흥분된 상태였다 그리움보다는 남편 없이 겪은 시집살이가 무척 힘겨웠던 것을 알 수 있었다. 미국 출장 여비는 그때만 해도 엄청 큰돈이어서 남겨온 돈으로 텔레비전과 냉장고도 사고 부모님 전세금도 올려드렸던 기억이 난다.

풍산에서 해외 출장을 처음으로 다녀왔지만, 직원들 선물을 하나도 못 사왔다. 그래서 복귀 이후 매일 술 사는 일로 바빴다. 왜 선물을 안 사왔을까? 창피한 이야기이지만 살 줄 몰라서 못 산 것이다. 그렇게 회사만 마치면 그길로 술집에 달려가며 한 달을 술로 지내는데 옆자리의 고 과장이 내 눈이 노랗다면서 황달 같으니 병원에 가보라 한다. 혼자 조용히 거울 앞에서 눈을 들여다보니 놀랄 만큼 눈이 노랗다. 병원에 가보니 정말 황달이었다. 바로 입원 절차를 마치고 아내에게 전화하니 그럴 줄 알았다는 답이 돌아온다. 긴 타향살이 후 몸도 풀리지 않은 상태에서 매일 술을 마셨으니 지방간이 되었다. 며칠 후 퇴원했지만 계속 약을 먹으며 한 달이나 걸려 완쾌되었고 지금도 B형 간염 보균자라는 딱지가 항상 따라다닌다.

물론 20mm 발칸 탄약의 기술 도입은 성공리에 끝났고 지금도 이 탄약은 풍산의 주 생산품으로 자리 잡고 있다. 풍산 자체 생산으로 국가로부터 기술력을 인정받는 계기를 마련하기도 한 사업이었다. 지금 생각해보면 정말 감회가 새롭고 그 시절 기술자로서 사업에 참여한 보람을 평생 간직할 것이다.

1) Multi-Spindle Screw Machines
- 다축 스크루 머신(다축 선반)은 할당된 공구를 사용해 동시에 다량의 부품을 가공할 수 있다는 장점이 있다.
- 회전 총열처럼 다축 스핀들은 수평으로 회전하는 드럼에 의해 정밀하게 회전된다.
- 완전한 부품을 생산하기 위한 공정의 숫자는 각 스핀들로 나누어 툴링이 된다.
- 많은 부품이 드럼이 한번 회전할 때 동시에 실용적인 공정으로 다량 생산된다.

2) 기술 도입 성과
- 다축 선반 가공 기술(아크메, 다벤포트, 코노마틱 세 종류 장비 가동을 포함한 절삭 기술)
- 휴즈 바디 가공 및 구조 기술
- Brass Case 가공공법(Cupping and Drawing Process)
  Blanking, Cupping, Drawing, Heading, Tapering, Sizing, Annealing, Stress Relief
- Detonator and primer 기술
- 탄체 화약 충진 기술(Consolidation for Powder Explosive)
- 완성 탄 조립 기술 및 공정, 최종 검사 기술

- 최종 탄약의 탄도 시험 방법(최종 품질 시험)

Aceme 6 spindle   Davenport 5 spindle   Conomatic 8 spindle

Tooling theory   Tooling layout   Manufacturing products

17.
동남아 수출 탄약의 클레임 처리

추진제 차지 백 Propellant Charge Bag

- 105mm 곡사포는 semi-fixed(반 고정), 탄체와 추진제가
  분리된 탄약 사용
- 탄체는 매 발 금속 탄피와 같이 포에 장진
- 추진제는 5개(종)으로 되어 있고 사거리에 따라 사용수를
  조정
- 추진제(발사 화약)는 Silk Bag로 포장
- 탄은 개별로 파이버 컨테이너에 포장되어 2발씩 나무상
  자에 포장

방위산업이 태동한 지 10년도 되지 않아 군의 장기 저장 물

105mm Howitzer Ammunition

TECHNICAL DATA

ELEMENT		MATERIAL	Weight [g]	Length [mm]
SHELL	Fuze	Steel, brass, Al	975	151
	Body	Steel	11812	398
	Charge	Trotyl	2195	–
CARTRIDGE CASE M14		Brass	2676	372
PROPELLING CHARGE**		NCD powder	1300	–
GUN PRIMER M28A1		Brass	150	260

Propellant Charge Bag

량을 공급하면서 외국에 곡사포용 탄약을 수출할 수 있다는 것에 우리는 모두 자부하고 있었다. 당시로서는 대단한 역사가 아닐 수 없었다. 종합상사의 활기차고 노련한 활동으로 확보된 수출 오더를 탄약 제조회사가 생산력이나 기술력으로 뒷받침함으로써 이루어질 수 있는 사업이었다.

　종합상사를 통하여 추진제와 약협이 있는 탄 계열Semi Fixed Ammunition이 동남아시아에 수출되었다. 계약 전 협상 미팅 Negotiation Meeting에도 참가하고 계약 후에는 수출국 현지 기술자를 한국으로 초청해 탄약 제조과정과 사용법에 대한 교육도 해본 경험이 있어서 말레이시아는 나에게 친근하게 여겨진 곳이다. 영국 식민지 시절을 겪어서인지 영어 문화권이고 수도 쿠알라룸푸르는 우리 서울과 비교할 때 더욱 아름답고 예술적인 건물들로 조화를 이루고 있었다.

탄약을 5년간 품질을 보장하는 조건으로 수출했는데 그 기한을 6개월 남겨놓고 불량 통보를 받았다. 불량은 사격 시 발견됐다. 장약 조정을 위하여 포장을 분해해 추진제 포를 끄집어낼 때 장약 포장이 부식되어 찢어지는 문제였다. 그러니 추진 장약이 흘러내려 소기의 기능을 발휘할 수 없고 탄피 내부도 약하게 변색되고 부식되었으니 선별하여 양질의 제품으로 교환하라는 요구였다.

이 문제를 두고 종합상사 및 관련 업체와 여러 번 회의한 결과 현지에 가서, 추진제 포장이 원인인지 케이스나 탄의 충진 조립 포장 공정에 문제가 있는지 원인을 규명하기로 했다. 종합상사 담당자 이 대리, 관련 업체에서는 이 이사, 우리 회사에서는 나와 정 대리 등 모두 4명이 현지로 출장을 떠났다. 탄약이 저장된 곳으로 갔다. 현지 군인 관계자들은 우리 조사팀이 오기를 기다렸다가 한곳에 모아둔 본보기들을 분해하면서 추진제 포장과 탄피가 변색했다고 지적한다. 관련 회사의 이 이사가 분해된 탄피 속에서 추진제 포를 끄집어 올리는데 포장이 삭아서 안의 내용물이 줄줄 흘러버린다.

이때 나는 그 행동을 지켜보고만 있었다. 이것은 추진제 포가 불량이다. 탄약을 장기 저장할 때 발생하는 가스를 견디지 못하고 변질되다가 삭아서 떨어진 것이니 이것은 관련 회사가 불량 원인을 제공한 것이다. 관련 회사가 책임지고 해결하겠다고 하니 원인 규명과 대책이 현장에서 동시에 규명되고 해결되었다.

물론 나중에 수정 작업을 할 때는 우리 회사에서도 변색된 탄피 입구 내 100mm 정도 부분을 정비할 수 있는 장비를 공급했다.

추진제 포장용 주머니(포)는 그 재질이 순 비단Silk으로 되어 있는데 고가여서 천연 실크 대신 인조 실크를 균일하게 코팅해 품질을 유지하고 규격을 갱신하여 쓰고 있었다. 문제는 그 코팅 재료에서 생겼다. 결국 하자 보증 기간인 5년에서 6개월이 빠지는 기간에 배상 청구가 발생한 것이다. 하지만 현지 각 회사의 대표들이 가서 문제를 명확히 규명하고 대책도 빠르게 수립해 엔드 유저end-user(현지 군 당국)와 수리 대책에서 합의를 볼 수 있었다.

탄약의 성능 보장, 품질에 관한 규정은 도면Drawing과 규격서Military Specification, 품질 보증 절차서Quality Assurance Procedure에 나온 조건을 만족시켜야 한다. 그리고 현 규정을 변경하기 위해서는 충분한 현장 시험과 각종 악조건 시험을 거치고 사용상의 유의 사항도 충분하게 명시해야 하고 특히 수출품일 때는 이러한 부분들이 기술 미팅에서 충분히 고려되어야 할 것이다.

일행은 종합상사 지사가 있는 이 나라 수도로 돌아와 호텔에 투숙하고 비행기 출발이 내일이니 하루 여유가 있어 시내 관광에 나섰다.

해발 3000미터 고지에 호텔이 있고 카지노가 개장된 아주 유명한 곳으로 갔다. 4명이 3시간 후에 이 장소에서 만나 호텔로 가기 전까지 각자 개인플레이를 하기로 하고 헤어졌다. 나는 일행과 헤어져 적은 돈으로 블랙잭 판에서 시간을 보내면서 즐겨보려 했으나 얼마 되지 않는 돈을 모두 잃고 돌아가는 차비만 겨우 남겨 약속된 장소로 갔다. 모두 모였는데 내 표정이 그리 좋지 않았나보다. 일행 중 한 사람이 "강 이사님은 돈을 많이 잃은 모양인데 우리 먼저 갈 테니 이따 오세요"라고 한다. 블랙잭을 남달리 좋아했지만 약속을 지키기 위해 중간에 자리를 박차고 왔는데, 이 이사의 권고에 "그렇게 해도 되겠냐"고 물으니 "돈 따면 술이나 사시지요" 한다.

그래 좋아! 내가 저녁 9시까지 호텔로 돌아가면 내가 이긴 것이고 당연히 술을 살 것이니 로비로 내려오고, 아무 연락이 없으면 내일 아침 식사 시간에 식당에서 만나자고 약속했다. 시계를 보니 오후 6시다. 호텔까지 택시를 타면 30분이 소요되니 내게는 2시간 정도의 시간이 있다.

돈을 조금 마련하여 아까 게임을 하던 테이블 그 자리에 앉았다. 그런데 게임이 믿을 수 없을 만큼 잘 풀렸다. 10번과 에이스 두 장이면 블랙잭이라는 족보가 되는데 베팅 금액의 1.5배를 돌려주는 최고 족보다. 이것을 1시간 만에 무려 10번 이상 잡았으니 잃은 돈을 다 찾을 수밖에. 본전은 양복 상의 포켓에 따로 넣어두고 딴 돈은 바지 호주머니에 넣은 뒤 택시를 불렀다. 택시 기사가 "Are you win or down?"이라고 물어본다. 나는 "다운" 하면서 웃어버렸다. 왜냐면 안전을 위해서다.

호텔로 돌아와 간단한 저녁을 주문해놓고 정확히 10분 전 9시에 모두에게 전화할 수 있었다. 저녁 먹고 호텔 카페에 갈 것이니 9시 10분에 모두 모이라고. 이 호텔 카페에는 밤이면 기타를 맨 3인조 밴드가 생음악으로 손님들에게 음악을 선물하는데 그곳에 모여서 내 승리담과 '위스키 온 더 락'으로 흥분된 분위기가 고조되었다. 술이 두 잔째 돌아가는데 3인조 밴드가 일본 노래를 반주와 함께 부른다.

갑자기 네 명이나 몰려와서 비싼 술을 주문하니 노래 선물을 했는데 일본 사람으로 잘못 알았다. 모두 반응이 없자 밴드는 즉시 노래를 바꾸었다. 한국 노래 '사랑해'가 시작되었다. 아니나 다를까 흥이 많은 내가 따라 부르고 이어 모두 따라 부르면서 손뼉을 치니 카페 작은 무대가 슬슬 흥분됐다. 밴드는 그 순간을 놓치지 않고 빠른 박자의 팝송으로 분위기를 전환시켰다. 모두 흥에 전염되어 박수를 치는데 우리가 무대로 나가서 디스코를 추기 시작하니 카페의 모든 사람이 따라나온다. 현지인은 얼마 안 되고 출장 온 외국인들이 휴식을 취하다가 이렇게 흥겨운 자리가 되니, 여독을 풀어주면서 너나 할 것 없이 즐거운 밤이었다. 수출품의 클레임 원인도 규명되고 대책도 합의되었고 이렇게 여유 있는 시간을 보냈으니 일행은 그 후에도 추억의 이 나라를 생각하곤 했다.

방위산업 태동기에는 탄약 제조사가 단독으로 하는 수출품 수주 활동은 미약했다. 때문에 종합상사의 도움으로 수출을 할 수 있었는데 종합상사는 이를 수행하는 데 어려움이 많았다. 한국의 방위산업은 철저히 정부의 통제 아래 관리되었는데 관련 제조사별로 생산 품목을 지정하여 자기 분야를 지키는 수밖에 없었다. 우리 회사는 탄약 완성품을 생산하는 회사이니 생산하지 못하는 부품이나 조립품(주로 화약류)은 관련 업체의 생산품을 관급으로 납품받는다. 여기서 관급품이라 하면 제품 계약은 정부와 하고 납품 행위는 업체 간 이뤄지는 것이다. 정부 검사관의 품질 보증이 된 제품이니 납품받는 업체에서는 품질 통제가 되지 않는다.

수출품 배상 청구가 생기면 종합상사가 관련 업체를 소집하여 대책을 수립해야 하고 불량 처리 비용이 발생할 때는 더욱 민감해질 수밖에 없는 실정이었다. 그러니 각 회사의 품질 보증 책임 임원이 현지까지 가서 움직여야 할 만큼 3자 합의 해결에 많은 문제가 있었다. 지금은 다르다. 각 생산업체에서 전문적인 조직을 갖추고 영업도 하고, 계약도 하고, 생산도 하고, 품질 보증도 하고, 사격장 시험도 하는 등 일체를 도맡는다. 비전문가가 계약하고 기술적 미팅을 하는 데서 생기는 잘못을 많이 줄일 수 있고 문제가 예상되는 부분에 대해서는 계약 시 사전 예측을 해둠으로써 배상 청구가 발생할 때 해결의 실마리를 찾을 수 있도록 세심하게 대비할 수 있다.

17.
개발 시험 출장 때의 불청객

20년 전의 일이다. 특수 탄약을 개발하라는 임무를 받고 열심히 일할 때다.

탄약은 그 특수성 때문에 군사 규격에 의하여 철저히 관리되고 품질 보증된다. 특히 신규로 개발되는 탄약은 개발자(국방과학연구소) 시험, 사용자(군 교육사) 시험 등을 통하여 최종으로 품질을 보증받기 전에 업체 자체에서 실제 완성 탄약의 성능 확인 시험을 위해 정부 사격시험장을 이용한다. 그 시험장들이 전방부대 근처에 있기 때문에 우리는 팀을 갖추어 장기 출장을 다닌다. 그 일주일 동안 일과가 끝난 저녁 시간이면 시간을 보내는 방법 등이 정해져 있다. 대개는 텔레비전을 보든지 고스톱 아니면 포커를 하면서 시간을 보낸다.

오늘도 식사를 마치고 고스톱을 열심히(?) 치고 있는데 누가 밖에서 강 차장님 계시느냐고 묻는 소리가 들렸다. 문을 열어보니 업체 사장이라는 사람이 맥주 두 병에 마른안주 하나를 들고 위로 방문차 왔다는 것이다. 우선 반가운 마음에 안으로 모시고, 자리를 같이하면서 동석한 사람들에게 업체 사장을 소개했다.

특수 탄약은 그 기능이 재래식 탄약과는 달라 그 부품 수도 많고 복잡하다. 특수공법으로 제조해야 하는데 특히 프레스 공법으로 만드는 부품을 이 업체 쪽에서 지원했다. 물론 업체 쪽은 돈을 벌기 위함이고 우리 쪽은 양질의 부품을 적기에 확보하여 계획된 기간 내에 개발을 마치는 게 목적이다.

그런데 왜 여기서 그 사람을 소개했는가. 발주를 준 회사의 담당자가 개발 성능 시험을 위해 출장 와 있는 여관으로 외주 업체 사장이 위문 방문을 했다는 것과 그 방법이 너무나 마음에 든 것이다. 맥주 두 병에 마른안주 하나면 둘이 앉아서 마음속의 이야기를 얼마든지 할 수 있는 정성이다. 대가성이 없고 자신이 납품한 부품이 잘 기여하고 있는지를 확인하면서 고생하는 출장자들을 위로하기 위함이다. 개발이 완료되어야 양산하게 되고 부품이 외주를 나가니 업체 사장도 돈을 벌 수 있지 않은가. 나중에 양산이 지속되면서 이 업체 사장은 풍산

| 시험장이 있어 자주 찾아갔던 백의리의 요즘 모습

의 외주업체로서 많은 기여를 했고 그 실적으로 오랫동안 협력 업체로서 역할을 했다. 보통 업자라면 술 향응의 제의도 있을 수 있는데 진솔하게 본인이 직접 찾아서 위로 방문의 정을 표시하는 것에 나를 포함한 모든 사람이 생각을 같이했다.

88개 자탄의 폭발 기능을 확인하는 시험이 이루어지는 아침이다. 어제는 업체 사장의 위로 방문도 있어 상쾌한 아침을 맞이했지만, 오늘의 시험이 매우 중요하고 국내에서는 처음 이뤄지는 터라 시험 의뢰자인 우리나, 시험 의뢰를 받은 국방과학연구소에게도 중요한 순간이었다.

시험을 위한 준비 회의를 마치고 모두 시험장으로 가서 맡은바 자기 임무를 수행하고 있다. 포를 설치하는 사람, 속도와 압력을 측정하기 위한 장치 등을 설치하는 사람, 시험 탄약을 옮기고 화약 양을 조절하기 위한 사람, 사거리와 공중 방출 지점의 시간을 계산하는 사람, 안전 사격을 위한 사격 통제 요원 등 각자가 자기 자리에서 준비하는 동안 나는 무언가를 생각하고 있다. 감회가 새롭다고나 할까 아니면 첫 작품 시험 전 흥분된 마음을 감추고 있다고나 할까? 무언가 이상한 감정이다. 탄약 개발 부서로 옮긴 뒤 첫 업체 자체 개발이 아닌가. 내가 직접 만들고 관리하여 만든 탄약을 정부 검사 요원들에게 의뢰되어 이루어지는 시험에서 한 치의 벗어남도 없어야 했다. 그리고 여러 기능이 충분히 분석될 수 있는 시험이 이루어지는 것이 중요하다.

포에서 10킬로미터 지점에 넓은 개활지가 있는데 그 중앙에 88개의 자탄이 떨어져야만 회수할 수 있었다. 드디어 포의 예열, 탄환 속도, 사거리를 측정하여 사격 조건을 조정하기 위한 한 발의 예열탄이 발사되었다. 물론 더미 탄으로 탄착지를 확인하기 위한 탄약이니 안전했다.

모두 세 발의 예열탄 사격이 끝나고, 성능을 확인해야 하는 시험탄 발사 10초 전이라는 사격 통제관의 목소리가 들려온다.

발사 1초 전, 굉음과 함께 바람을 가르는 소리가 머리 위로 지나갔다. 그 소리가 들린 지 20초 만에 공중에서 픽, 픽, 픽 하는 소리와 함께 불빛이 보였다. 자탄이 방출되는 것임을 알 수 있었다. 그리고 10초 후에 예상된 개활지에서 딱총 소리와 함께 폭발하는 빛을 볼 수 있었다. 물론 그 숫자가 88개이면 기능이 100퍼센트 확인되는 것이다.

모두가 환호성을 지르며 목표 폭발 지점으로 달려가서 자탄 회수 작업에 들어갔다. 회수되는 자탄을 확인할 때마다 완전 폭발, 반폭 및 불발을 복창하도록 지시했는데 불발 소리도 들려왔다.

나도 불발 자탄을 발견했다. 장전이 안 됐을 때는 손으로 잡아도 되는데 내가 회수해야 하는 놈은 리본이 풀려 있었다. 격침擊針이 뇌관을 타격했는데도 불발된 것이니 위험하여 그럴 때는 안전 수칙을 지키면서 특수 안전 공구를 사용하게 되어 있지만 나는 그 자탄을 발로 살짝 건드려버렸다. 굉음을 내면서 파편의 일부가 눈앞을 지나가는 것을 느꼈다.

위험천만한 순간이었다. 탄약의 안전 시험을 책임지고 있는 사람이 실수를 해버린 것이다. 이 일은 나에게 많은 것을 가르쳐주었다. 그러한 실수는 두 번 다시는 없어야 한다. 적은 양의 기폭 장치Detonator도 위력이 크다는 것과 안전 수칙은 꼭 지켜야 한다는 사실이다.

그때 여관을 찾아온 그 사장은 두 아들 결혼식에서 다시 볼 수 있었으나 지금은 서로가 나이 들고 자주 못 만나는 사이다. 서운함이야 있지만 아름다운 추억으로 간직한다.

나이가 들면 남자에게 꼭 필요한 다섯 가지가 있다고 한다. 첫째는 마누라요, 둘째는 아내이며, 셋째는 애들 엄마이고 넷째는 집사람이며, 다섯째는 와이프다. 이는 배우자의 존재가 그만큼 중요하다는 이야기이겠지만 나이가 들면 필요한 것으로 건강, 친구, 돈, 일, 배우자를 꼽는 데는 이의가 없다. 어느 하나 중요하지 않은 것이 없는데, 나는 흉금을 터놓고 지낼 수 있는 친구와 적당한 일거리가 매우 중요하다고 본다. 어느 정도 경제적인 여유와 건강이 허용되어도 함께 할 수 있는 친구와 소일거리가 없다면 사는 게 무미해진다. 그중 우리에게 필요한 친구에 대하여 생각해본다. 친구親舊란 "가깝게 오래 사귄 사람"이라고 국어사전에 정의되어 있다. 이러한 친구가 생기는 과정을 살펴보면 대부분은 학창 시절인데, 학창 시절 가깝게 지내던 친구가 많아도 사회생활을 하다보면, 하나둘 멀어져 중년이 되면 얼마 되지 않는다. 사회생활을 하며 이루어진 친구들은 그때뿐으로 이직하고 나면, 평생 친구로 남는 경우가 많지 않은 것 같다. 특정한 목적으로 많은 인맥을 형성하는 예도 있지만, 이는 순수성이 모자라 역시 오래 지속되지는 못한다. 어린 시절의 친구들이야말로, 가장 늦게까지 소중하게 남는 것이다.

20여 년 전 모여서 놀았던 전곡에서

백의리의 그 여관은
지금도 그 모습일지
세월의 흐름 속에서
새로운 모습으로 변했겠지
오늘은 개발시험을 위해 모였고
어제는 양산 수락 시험을 위해 모였고
내일은 불량 로트 원인 규명으로 모였고
우리는 항상 여기서
머리를 맞대었고
의논하고 휴식했지
여관집 주인의 미국 간

딸아이의 이야기도 들었지
추억의 그 자리에
다시 찾아가
옛 명성과 훈기를 느낄 수 있을까
다락대 백의리 77 여관을
지금 그려본다

18.
4.2인치 완성탄 최종시험 불량의 원인 규명

1985년의 일이다. 오늘도 수락 시험장에서 4.2인치 탄약의 완성탄 최종시험에서 불량이 발생했다는 보고를 받았다. 4.2인치 탄약은 완성탄 최종시험에서 불량이 많았다. 그래서 보고를 받고도 그러려니 하는 게 일상이었다. 하지만 분명히 문제가 있었고 그 문제는 누군가가 풀어야 할 숙제이기도 했다. 2만 개라는 탄약의 수량은 금액으로도 회사에 부담이 되는 것은 물론이거니와 누적된 로트 하나가 더 불량이니 앞으로 문제가 보통이 아니었다.

군에서 보병과 가장 가까운 탄약이 박격포 탄이고 이를 발사하는 화기가 박격포다. 이 병기는 야포나 로켓포와 비교해 보잘것없어 보이지만 보병이 박격포 없이 전투한다는 것은 생

| 4.2인치 박격포와 박격포 탄약

각할 수 없는 일이다. 과거 지상 전투에서 사상자의 절반은 박격포가 만들어냈기 때문이다. 산악전, 시가전, 게릴라 토벌, 방어전 등 어느 전투에나 어울리고 필요한 병기다.

박격포Mortar는 45도 이상의 탄도를 그리며 날아가다 낙하한다. 지면에 닿으면 퓨즈의 폭발로 주폭이 일어난다. 화기 중가장 큰 곡사 탄도를 이루며 곡사포Howitzer보다 더 굽은 탄도를 만들며 이 때문에 사거리가 짧다. 고각 사격이 주로인 화포로 적의 머리 위에 포탄을 떨어뜨릴 수 있다. 포탄은 포구로 장전되며 발생하는 반동은 포의 판에 의해 지면으로 흡수된다. 발사된 포탄은 아음속Sub-Sonic으로 비행하며 사거리의 조정은 장약의 양과 포신의 각도로 조정한다. 구조도 대부분 간단하며 포탄이 같은 크기의 다른 화포에 비해 크며 화력도 강하다. 제조가 쉽고 가격이 싸서 많은 양을 구비할 수 있으며 조

작과 운반이 편리하다.

　이런 화포에 필요한 탄약인 4.2인치 탄약은 생산 수량이 많아 연간 완성탄 최종 시험 횟수도 많으니 잦은 불량 발생으로 원인 규명에 시간과 비용이 많이 소요된다. 그래서 "4.2인치 탄약은 불량률이 높다"라는 이미지가 굳어졌다. 4.2인치 탄약은 고각(포신의 지상에 대한 각도가 큼)인 900mil에서 시험할 때 불량이 많이 발생하고 그 아래 고각(800mil)에서는 지금까지 불량이 발생하지 않고 있었다. 국방 규격에는 "900mil or below" 조건으로 최종 시험 사격을 하게 되어 있으므로 업체에서는 규격 범위 내에서 다소 유리한 조건인 800mil에서의 사격 시험을 요청했지만, 정부 사격장에서는 900mil 사격을 주장했다. 탄약의 품질을 완벽하게 보증하기 위한 것이다.

　그래서 항상 불량이 예상되는 시험을 해왔고 그 결과는 50 대 50이었다. 그래서 이 근본적인 문제를 해결하지 않고는 안 되겠다고 생각하고 품질검사소 김 연구원을 찾아가서 협의하게 된 것이다.

　수소문해보니 미국에서는 이 두 가지 조건 모두에서 필요에 따라 시험한다는 정보를 입수했다. 그래서 미국 시험장에서 실시된 완성탄 최종 시험 결과보고서를 국방과학연구소 자료실에서 찾아보기 위해 품질검사소가 있는 대전으로 갔다. 김 연구원은 품질검사소에서 내가 가장 좋아하고 존경하는 연구원 중 한 사람이다. 젊은 사람이 의지도 강하고 유연할 때는 유연해지고 탄약에 대한 지식은 물론 품질 보증에 관련된 지식은 수준급이다. 특히 긍정적인 자세에서 품질을 관리하니 양호한 품질과 불량 품질을 정확하게 가려내는 눈과 마음을 가졌다. 우리는 자주 만나 토의하면서 방법을 찾아봤다. 그와 얽힌 에피소드를 하나 소개한다.

한번은 시험장으로 얼마 전 뽑은 마크5 중고차를 타고 출장을 가게 됐다. 마크5는 처음으로 내가 오너 운전을 하게 된 고마운 차다. 김 연구원과 나는 성격이나 취미가 비슷했다. 자주 만나서 출장도 가고 원인 규명 후에는 술도 한잔씩 하고 둘 다 노래 부르기도 좋아했다.

불량의 원인을 규명하기 위해 가는 사람들답지 않게, 오늘따라 운전 중에 가요를 틀고 차 내부가 조금 시끄러운 채 운전하고 있었다. 앞에 경운기가 보였다. 시간은 어둑해지고 있었으니 7시쯤 됐으니까 전조등으로는 앞이 보이지 않아 헤드라이트를 켜야 할 시간이었다. 경운기를 막 추월하는데 자전거를 타고 앞으로 오는 사람이 보였다. 급히 브레이크를 밟았지만, 자전거는 아스팔트 위에 넘어지고 말았다. 산만한 분위기 속에서 운전하다보니 방어운전을 못 하고 자전거를 들이받는 사고를 낸 것이다. 자전거를 탄 사람은 술에 취해 있었고 다친 데가 없었다. 그래서 다행히 무사고 처리되었으니 나의 운전 경력에는 아직 빨간 줄이 없다. 무사고여서 당연히 자동차 보험료도 40퍼센트만 납부하고 있다.

오늘도 우리는 전과 같이 이 차를 타고 가고 있고 4.2인치의 원인 규명을 해야 하고 그래서 대전으로 같이 가고 있고, 또 필요한 자료를 찾아 문제 해결을 할 수 있다는 자세로 액셀을 밟고 가는 것이다. 국방과학연구소 정문에서 출입을 위한 절차를 밟고 출입증을 받아 특수 구역인 자료 관리실에서 자료를 찾기 시작한 지 2시간이 흘렀는데도 별 참고될 자료가 찾아지지 않았다. 복도 휴게실에서 커피를 한잔 마시고 다시 작업하는데 내 눈에 뭔가가 하나 들어왔다. 바로 미 육군 최종 시험장에서 발행된 4.2인치 완성 탄약 최종 시험보고서였다.

유마 시험장US Army Yuma Proving Ground, Yuma Test Center에서 900mil로 시험한 결과 보고서였고, 제퍼슨 시험장US Army Jeferson Proving Ground, Jeferson Test Center에서는 800mil에서 시험해 합격됐다는 내용을 담고 있었다. 꼭 이것을 찾기 위하여 자료실을 뒤진 건 아니지만 두 개의 로트를 불량으로 통보받은 제조업체의 품질 보증 책임자로서는 꼭 필요한 자료였다. 실제 방문 목적이었던 다른 자료는 김 연구원이 한 시간쯤 후에 찾아냈다. "4.2인치는 탄약 설계 미비로 비행 안전이 불안하니 탄에 충격을 많이 주는 높은 고각에서의 사격을 지양한다"는 내용이 담긴 개발 시험 결과 보고서였다. 그 보고서에서 초기 탄약 개발 당시의 문제점으로 높은 고각 사격시 탄약에 무리한 충격이 가해져 탄도 비행 안전에 문제가 발생될 수 있으니 높은 고각 사격을 지양하게 되어 있다.

개발 완료 보고서에 기록된 내용 및 미국 최종시험장 시험 결과 보고서 등과 현 탄약의 품질확인 보고서를 재작성하여 정부 시험장 관련 부서장에게 규격 적용 조건을 재검토 변경 조치하여 최종시험 재시행을 건의하기로 했다. 건의 자료를 만들어서 시험장으로 출발하고 본사 특사본부 오 상무님과 나는 가는 길 중간의 휴게소에서 만났다. 오 상무님은 군 병기 장교로 근무하고 대령으로 예편해 본사에서 특수사업 전체를 책임지고 관리하시는 분이다. 개발과 양산, 시험, 납품 및 수금까지 책임지는 그에게 이번 불량 4.2인치 박격포탄 처리 문제는 더욱 중요한 일이었다.

상무님은 시험장 책임자의 방으로, 나는 시험운용실장 방으로 각각 재시험 건의를 위해 방문을 노크했다. 우리 회사의 관련 부문 최고 담당자가 방문했으니 서로들 긴장된 상태이지만 나로서는 조용하고 또박또박 설명했다. 내 쪽에서는 진전이 없고 종전의 그들 주장대로 900mil에서 시험해야 한다고 실장이 주장하고 있는데 책임자 방에서 둘 다 들어오라는 전갈이 왔다. 시험장 소장은 4.2인치 포를 국산화 개발한 장본인이다. 탄약과 포의 관계, 개발 설계상의 문제점 등을 구체적인 데이터까지 잘 알고 계신 분이었다. 그리고 "900mil or Below"라는 규격의 의미를 정확하게 해석하여 업체의 건의 사항을 검토 지시하게 되었다.

그 방안으로 800mil로 2개 로트를 시험하고, 그 결과에 따라 적용 여부를 판단하기로 결론이 났다. 일주일이 지나 800mil에서 시험한 결과가 나왔다. 4.2인치 2개 로트가 기준에 충분한 수치로 합격됐다. 좋은 품질의 탄약인데도 불구하고, 너무 무리한 시험 조건으로 불량 판정을 받아오던 나로서는 기쁘고 자랑스러웠다. 무엇보다 좋은 탄약의 품질을 정확하게 판단할 수 있게 된 것이 무엇보다 다행스러운 일이었다. 한 달 동안 자료를 찾고, 보고서를 작성해 탄약을 재검사하고, 로트를 재구성하던 노력이 결실을 보게 되니 무어라 표현할 수 없을 만큼 기뻤다. 이 자리를 빌어 당시 함께 고생했던 김 연구원의 협조에 감사드린다.

방위산업에 관여하는 기관으로는 방위산업체 외에 국방과학연구소, 국방품질검사소 등 세 기관에서 탄약의 개발, 양산,

탄약의 품질 보증 업무를 서로 견제·협조하여 양질의 탄약을 군에 보급하고 있다. 앞으로 서로 더욱 존중하고 긍정적인 자세로 인정하면서 대화와 협의를 통해 문제를 풀어가야 할 것이다. 업체는 이익 추구 집단이라며 무조건 견제하고 통제하는 정부 기관의 자세는 바로잡아야 할 것이다. 긍정적이고, 데이터에 기반하고, 정확하게 판단할 수 있는 자세로 말이다. 제정된 규정과 표준은 연구되어야 하고 그래서 얻어진 결과로 변경되어 새로운 규정과 표준으로 관리되어야 한다.

체제와 관습에 묶여 있는 규정을 업체의 힘으로 조정하는 것은 너무 힘들고 시간이 많이 필요한 일이다. 기본적 규정과 표준 관리는 해당 기관에서 정확히 관리해야 할 것이다. 탄약은 종합기술로 생산된 후 검사를 받고 시험장에서 실제 사격 시험을 통하여 최종 품질이 결정되기 때문에 규격도 복잡다단하고 관리 통제부서도 많아서 기술적으로 잘 협조·통제·관리되어야 한다. 4.2인치 탄약의 완성탄 시험 조건인 "900mil or Below"는 정확히 해석되어 지금도 시험장에서 합리적으로 적용·운용하고 있다.

19.
155밀리미터 랩 탄약의 금속 안전도 시험

1990년의 일이다. 품질관리연구소의 김 책임연구원과 우리 풍산의 기술진이 공동으로 해결한 사건이다. 155밀리미터 랩Rap 탄약의 금속 부품 안전도 시험에서 자주 발생하는 결함이었는데, 금속 부품이 비행 중 분리 현상이 일어나 그 불량 원인 규명에 관련된 사항들을 적어본다.

탄약 생산 및 품질 관리 규정에 금속 부품 탄체가 가공 완료되면 5000개 로트로 묶어서 그중 20개를 표본화하여 화약이 충전되지 않은 더미Dummy탄으로 시료를 생산한다. 실제 포에서 규정대로 초고압으로 사격해 비행 중 분리 현상이 일어나는지를 검사하는 것이 금속 부품 안전도 시험인데 적지 않게 불량 판단이 나와 그간 원인 규명을 하느라고 많이 시달려

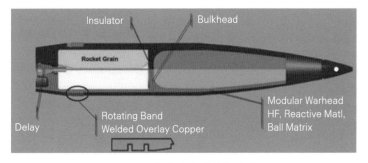

| M549A1 랩 탄약의 완성탄 절개도

왔다.

내 직책이 품질관리본부장이면서 대내외적으로 품질에 대한 책임을 지고 있어, 품질관리연구소 김 연구원을 찾아가 상의하게 되었는데 아무래도 포신에 문제가 있는 것 같은데 어떻게 생각하느냐고 물었다.

모든 탄약의 시험규정에는 탄약 검사에 적합한 여러 규정 중에 포신 수명에 관련된 규정이 있다. 예를 들어 155밀리 고폭탄 금속 부품 시험 규정을 보면 포신 수명에서 80퍼센트 이내로 마모된 포신으로 사격하게 되어 있다. 그런데 155밀리 랩탄에는 포신 수명 규제가 없었다. 서류상 99퍼센트 마모되어 수명이 거의 다한 포신을 사용하니 이것이 문제라는 것을 지적해 협의하게 된 것이다.

참고로 마모된 포신에서는 발사 시 포강 내 압력으로 인하여 회전 발사 탄에 충격이 심하게 전달된다. 그래서 탄약 비행이 불안전해지기 때문에 시험 포신은 물론이고 부대에 배치되는 각종 포는 그 수명을 철저히 관리하고 있다. "그래요?" 김 연구원은 내게 반문하면서 믿어지지 않는지 시험평가단으로 전화하여 담당자에게 지난번 불량 발생 시험에 사용된 포신의 수명을 확인하니 99퍼센트라는 답변을 들었다. 그렇다면 이것은 문제다. 지금 당장 시험평가단으로 가자고 하여 둘이 안흥으로 출장을 가게 된 것이다.

품질관리연구소, 시험평가단 그리고 업체인 풍산 3자가 시험 규정 확인에 들어갔다. 격론을 벌이기까지 하면서 회의 결론을 얻었는데 신 포신과 마모 포신 두 개를 동시에 설치하여 신, 마모 포신 교차 사격 시험을 해서 그 결과 분석 후 다시 협의키로 하였다.

일단은 규명 시험을 할 수 있는 기회를 얻게 되어 좋았다. 시험만 하면 그 원인이 꼭 규명될 것 같은 기분을 안고 회사에 돌아왔다. 그때 김 연구원이 한 가지를 제안했다. "상무님, 탄 후미에 예광제 조립체Tracer를 조립하여 사격하면 사격 시 비행 탄두의 흔들림을 우리가 육안으로 확인할 수 있지 않겠습니까?" 그 말을 듣고 나는 "대단한 착상이고 좋은 발상"이라고 말하며 흥분을 감추지 못하고 105밀리 탱크 탄약에 사용되는 M30 Tracer를 사용하자며 의견의 일치를 보았다.

오늘은 랩탄의 불량 원인 규명을 위해 시험하는 날이다. 날씨도 화창하고 모든 준비가 다 되었다. 도플러, 나이다 등 모든 관측 및 측정 장비들이 동원되고 신포와 마모 포신 두 기가 나란히 설치되었다. 시험 탄약은 영하 45도씨 이하로 관리되는 챔버 안에서 시험을 기다리고 있다.

시험 통제관의 통제하에 시험 탄약이 각각 일발씩 장진되었다!

발사 10초 전, 3초 전, 2초 전, 1초 전, 발사의 구령과 함께 각각 1발씩 신포와 마모 포에서 발사되었다. 사거리 29.5킬로미터, 도플러 관측사항 양호, 포구속도 870m/sec 등 모든 시험측정 결과들이 보고되었다. 특히 모든 사람의 육안으로 관측되는, 붉은 줄무늬를 보이며 날아가는 일직선 비행의 예광제 관측은 장관이었다. 마치 하나의 예술품 같았다.

포신별로 10발씩의 시험 시료가 준비됐는데, 시료 6발 사격한 결과가 모두 양호했다.

7번째 시험 탄약 발사 준비 10초 전, 3초 전, 2초 전, 1초 전, 발사의 구령과 함께 시험 탄약은 발사되고 도플러라는 측정 장비에 마모 포신에서 탄약 분리 현상이 발생했다는 내용

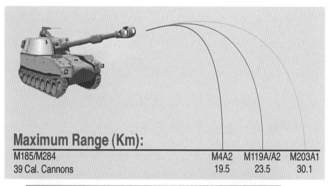

Maximum Range (Km):

M185/M284			M4A2	M119A/A2	M203A1
39 Cal. Cannons			19.5	23.5	30.1

| 박격포의 곡선

이 기록되었다. 이때 마모 포신 포구 앞에서부터 비행 탄두가
지그재그로 날아가는 현상을, 예광제 연소 상태를 통해 모든
관측자가 확인할 수 있었다. 물론 새 포신에서는 도플러도 양
호하다는 결과이고 육안으로 관측되는 예광제의 비행은 직선
비행이었다.

8번째 탄약도 7번째 탄약 시험과 같은 결과였다. 마모된 포신에서는 탄이 발사될 때 진동을 많이 받아 포구를 벗어날 때 심한 지그재그 현상이 발생하는데 예전 시험에서는 도플러가 이 현상을 금속 파트 분리로 오판한 것이다.

시험 통제관이 시험 중단을 결정하고 '시험 포신의 수명과 측정 장비의 해석 부적격'으로 판단을 내리면서 시험평가 방법이 잘못되었다는 결과를 시인했다. 업체 책임자와 품질관리연구소 담당 연구원의 판단이 옳았다. 역사적인 불량 원인 규명 시험의 결과였다.

155밀리 M549A1 RAP(Rocket Assist)탄은 3개 로트가 금속 파트 분리 현상 발생으로 불량이라는 판단을 받았었는데, 수명이 80퍼센트 이상 남은 포신으로 재시험하여 합격 통보를 받아 '가' 자를 붙이게 됐고, 완성탄에 대한 시험도 합격해 군에 무사히 납품될 수 있었다.

규정에 따라야 하지만 비합리적으로 규제된 규정은 합당한 방법과 시험을 통하여 개정되어야 하고 수검을 받아야 하는 부서나 업체의 건의는 잘 검토되어야 한다는 교훈도 남겨준 시험이었다.

20.
러시아 첫 비즈니스와 전문가의 안내

1992년, 동서 화해의 물결로 러시아와 한국이 처음으로 수교하여, 한·러 기술협력이 막 시작되던 때다. 정부 연구기관의 사업으로 모스크바를 방문하는데 한 오퍼상의 안내를 받았다. 스파크 사장인 오퍼상은 그때 만나 알게 되어 한동안 서로 연락하고 만나는 사이가 되었다. 정부 사업의 하나로 열악한 한국의 대형 단조 기술을 발전시키기 위해 레빌스라는 회사로부터 대형 알루미늄 열간 단조 기술을 도입하는 프로젝트가 인연의 끈이 되었다. 그 후 특수 장비를 도입하는 업무 등으로 발전시켜나가면서 둘은 친해져서 풍산에 근무하는 동안 5회 정도 모스크바를 동행 방문할 수 있었다.

처음으로 모스크바 국제공항에 내렸다. 제일 먼저 입국 절차를 밟는 중 창구가 모두 다섯 곳인데 사용되는 곳은 두 곳 뿐이니 복잡하고 혼란스러웠다. 사람들이 새치기하는 등 입국 절차에 무려 2시간이 들어 첫인상이 좋게 남지 않았다.

알렉세이라는 사람이 자동차로 픽업을 나왔으니 시내로 들어오는 데는 어려움이 없었는데 낡은 승용차의 실내에서 풍기는 기름 냄새는 거북할 만큼 견디기가 어려웠다. 이는 차 트렁크 안에 여벌의 기름을 싣고 다니기 때문인데, 당시는 동서 냉

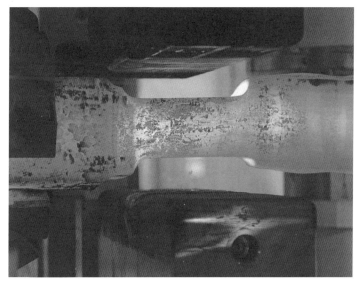

| 단조 과정

| 단조 제품들

전이 무너지고 러시아의 경제 사정이 열악해져 주유소에서 필요한 때에 편하게 기름을 구매할 수 없는 시기였다. 우리 상상을 초월하는 현실이다.

숙소는 호텔이 아니고 아파트를 렌트하여 사용하니 불편함은 없었다. 다만 거주 확인을 받을 수 없어 나중에 한번 문제가 되었다.

레빌스사에 처음으로 방문하는데 사람들의 체격이 크고 무엇보다 무뚝뚝하기가 이를 데 없었다. 말도 통하지 않으니 위축되어 초반에는 적응에 무척 힘들었다.

11시에 방문해 오후 2시가 되었는데 아무도 점심 먹을 생각들을 하지 않는다. 첫 미팅이니 향후 계획을 잡고, 이해가 상반되는 것을 조정하느라고 회의가 끝나지 않아서인지 3시쯤에야 구내식당에 자리를 잡을 수 있었다.

러시아 음식은 기본으로 에피타이저와 스프를 먹은 뒤 메인 요리인 고기가 나온다. 시작 전에 보드카로 건배한다. 그런데 이것도 소주잔보다 큰 잔으로 3~4잔을 마시는 게 기본이다. 술이 약한 나는 여간 어려운 일이 아닐 수 없었다.

이것이 내가 처음으로 느낀 러시아 방문 소감이다. 나중에 러시아를 이해하면서 많이 변하여 그 후로 10번 이상 방문했고 업무적으로도 많이 성장해서 기술 도입에 문제가 없게 되었다.

나를 안내한 오퍼상은 명문대학 금속학과를 나와서 전공 관련 부서에 조금 근무하다 종합상사로 옮겨 해외 지사 근무 경험이 풍부했고, 특히 유럽 근무를 많이 해서 국교를 맺기 전에도 러시아를 드나들어 러시아통으로 알려져 있었다.

한번은 모스크바에서, 혹시 CIP라는 장비를 러시아에서 확보할 수 있느냐는 나의 질문에 그는 매우 반기면서 확실히 가능하다고 답했다. 그래서 나는 제조회사를 방문할 기회를 만들어달라고 요청했다. 나중에 모스크바주 콜롬나에 있는 두산중공업 규모의 회사를 방문하여 CIP 장비를 볼 수 있었다.

특히 주요 부품인 압력용기 외벽에 스프링 와이어를 감는 공정을 볼 수 있었는데, 서방에서는 일반 와이어로 감는데 이 회사에서는 사각 와이어를 사용하는 게 특이했다. 러시아 기술이 이 분야에서는 서방을 앞지르고 있다는 것을 보고 놀랐다.

공장장과 함께 식사하는데 처음에 몇 잔을 권하더니 나중엔 자기만 마시고 나에겐 권하지 않는다. 왜 그러나 궁금해서 물어보니 자신과 똑같은 양의 보드카를 마셨으니 합격이라고 한다. 술 마시는 것으로 사람을 평가하는 건 아니지만, 그 독한 술을 참으면서 같이 마셔준 태도가 마음에 들었는지 공장장은 흡족한 표정이다.

사실 장비를 발주할 구매자인 내가 갑이다. 그런데 이 사람들은 그런 것은 아랑곳하지 않고 자신들이 갑처럼 군다. 러시아 사람들의 영업성이 원래 부족한 건지도 모르겠다. 아무튼 상식은 벗어났지만 양자는 서로 만족한 상태여서, 장비를 발주할 생각으로 오퍼상에게 견적을 요구했다. 공장장과 의논한 후에 제시된 금액은 그렇게 높지 않았다. 서방에서 받은 금액의 80퍼센트 수준이니 나는 흡족한 마음에 한국에 가서 상의하기로 하고 모스크바로 돌아오기 전 숲속 야외의 바비큐 행사에 초대되었다. 말이 바비큐지 겨우 통닭을 막대기에 끼워 걸어놓고 보드카를 마시는 것이다. 러시아가 생필품이 모자랄

때이니 이해하며 즐겁게 바비큐를 즐길 수 있었다. 이때도 오퍼상은 자기는 술을 마시지 않고 나만 취하게 했다. 그렇게 몇 번 술을 마시다보니 서로 친해져서 지금 이런 말도 할 수 있을 것이다. 그날 볼쇼이 극장에서 발레 「백조의 호수」를 구경하기로 예약해뒀는데 시간이 맞질 않아서 다음으로 미루었다.

러시아에는 한국의 '선녀와 나무꾼' 전설과 비슷한 이야기가 하나 있다. 깃털로 짠 옷(혹은 백조)을 입은 선녀가 목욕하기 위해 지상에 내려오는데, 이것을 훔쳐본 나무꾼이 백조의 옷을 감추고 선녀를 아내로 맞이한다는 내용이다. 나중에 백조의 옷을 찾은 선녀는 하늘로 올라가는데, 아내를 쫓아 나무꾼도 귀천한다는 내용이다. 이 러시아 전설이 재구성되어 차이콥스키의 「백조의 호수」로 탄생했다.

러시아인들은 기본적으로 문화 민족이라는 것은 극장에 가보면 알 수 있다. 질서를 잘 지키며 청중 또한 어린 학생에서부터 나이 많은 노인까지 모였는데 서로 나누는 대화가 잡음이 아니고 조용한 속삭임 같은 아름다운 소리다. 그만큼 이런 문화에 익숙하다는 것일 테다. 어릴 때부터 그러한 문화를 접해오니 어색하지 않고 익숙한 것이다. 그래서 나는 러시아를 좋아하는지 모른다. 내가 만나는 사람들은 모두 박사이고 석학이며 무언가 고개를 숙여야 할 것 같은 느낌이 드니 말이다.

오퍼상은 나에게 러시아와 러시아인을 소개하여 내가 러시아의 첨단 기술을 도입할 수 있도록 다리를 놓아준 길잡이다. 그는 이후에도 특별한 용무도 없이 나에게 들렀는데, 우리는 옛날 러시아 비즈니스 이야기로 시간 가는 줄 모르고 정식을 한 그릇씩 비워버리곤 했다.

정부연구기관에서 필요한 특수 장비가 러시아의 중화학공업 회사에서 제작되어 부산항에 도착했다. 이후 회사로 옮겨져 조립되고 시험 운전을 하니 그 감회는 무척 남달랐다. 이제 이 장비는 필요한 곳에 설치되어 소기의 목적대로 가동되고 있으니 이는 조 사장이 러시아를 많이 이해하고 있었기 때문에 가능한 일이었다. 제작 관련 계약, 수입한 뒤의 수송 및 설치 문제, 가동 후 러시아 기술자가 한국에 와서 시험 운전하는 등 어려웠던 일들을 그 덕분에 해결할 수 있었다.

21.
텅스텐 바, 스웨이징 머신과 오퍼상

탄약 개발은 정부 계획에 따르고 업체는 정부와 탄약 개발 계약을 통해서만 업무를 수행할 수 있다. 이것을 정부 주도 개발이라 하고 혹간 업체가 자체적으로 개발할 품목이 있으면(주로 수출 품목) 정부의 사전 승인을 받아서 개발할 수 있다. 이 것을 업체 주도 개발이라고 한다. 그러나 양산이 확실하고 정부 개발 계획이 늦으면 업체가 자체 자금으로 개발하여 양산을 앞당기는 방법으로 업체가 개발 후 승인을 받고 정부로부터 평가를 받아 양산으로 이어지는 경우도 있다.

이것도 1990년대의 일이다. 풍산에서 120밀리미터 탱크 탄약을 개발하던 시기에 나는 탄약 개발 후 바로 양산 자체를 겨냥해 업무에 임했는데, 어떤 부품은 보유 장비만으로는 제

| 스웨이징 머신

조 자체가 불가능한 부품도 있었다. 그중 하나로서 텅스텐 바
bar를 만드는 설비인 냉간정수압성형프레스Cold Isostatic Presses,
바Bar 스웨이징 머신Swaging Machine, 인사이드 그루브 커팅In-
side Groove Cutting, 수치제어선반CNC Lathe 등은 관련 보유 장비
들의 규격이 커짐에 따라 용량이 부족해 한 단계 규격을 올려
새 장비를 구매할 계획을 세우고 있었다.

그중 하나인 스웨이징 머신은 국내의 한 오퍼상이 한국대리
점을 하고 있어 만나게 되었고 그 오퍼상을 통하여 장비를 수
입까지 하게 되었다.

샘플 생산을 위한 소량의 원자재인 120밀리 텅스텐 코어를

오스트리아에 있는 유명한 회사에 발주를 주고 검사를 위해 오스트리아를 방문하면서, 한 오퍼상과는 독일 스웨이징 장비 회사에서 만나기로 했다. 현지에서 업무를 수행하는 중 계획대로 독일에 있는 회사를 방문하여 그 자리에서 오퍼상을 직접 만나고 스웨이징 기계의 구매를 위한 구매사양서 설명을 메이커 담당자에게 맞추고 그들의 기술과 요구 규격에 맞는 장비에 관해서도 설명을 들었다.

스웨이징 머신 제조사의 사장을 직접 만나 상담하고 우리 회사를 소개하고 장비 규격에 대해서도 내가 설명하게 되었다. 나의 영어 실력이 문제가 될 수 있었는데 걱정과는 달리 아무 문제 없이 대화가 잘 이루어져 기분이 매우 좋았다.

해외를 그렇게도 많이 다녀도 항상 영어 회화가 제대로 되질 않아 눈치로 모든 것을 이해하고 나의 뜻을 충분히 설명치 못하는 것 같아 한 말을 되풀이하곤 했는데 그 영감님과는 영어 대화가 얼마나 잘 되었는지 이후로부터는 자신감을 느끼게 되었다. 지금도 완벽하지는 않지만 혼자서 상담을 할 수 있고 내 뜻도 상대방에게 잘 전할 수 있게 되었다.

시간이 흘러 해결이 되었다고 하기는 너무도 무심한, 책을 보지 않는 나의 습관, 항상 자신의 머리만 믿고 생활해온 내가 미울 때가 바로 이때다. 세월이 흘러 경력이 쌓이고 이제 전반적인 것을 이해하고 내 능력으로 모든 걸 감당할 수 있게 되니 어느덧 나이가 많아져 있는 것이다. 책을 읽으면서 영어 공부를 조금만 더 열심히 했으면 지금 후회하지 않아도 될 것인데 아쉬움이 남는다.

여기서 로터리 스웨이징 공법에 대하여 간단히 설명해보겠다.

스웨이징은 단조 공법의 하나로 분류할 수 있다. 로터리 스웨이징Rotary Swaging은 주축과 함께 형Die를 회전시켜 형에 타격을 가하여 단조하는 것이다. 형이 2개, 형이 4개인 경우가 있다. 로터리 스웨이징에서는 형과 해머Hammer가 회전하면서 해머의 헤드가 롤러에 접할 때 형을 타격한다.

해머가 롤러와 롤러 사이에 있을 때는 원심력에 의하여 형이 열리고 이때 소재가 공급된다. 주축의 회전 때문에 스웨이징 다이스Swaging Dies는 원심 방향으로 반복적으로 작동된다. 예를 들어 100밀리의 완봉을 80밀리로 줄여 사용할 때 또는 튜브를 특수한 형태로 성형코자 할 때도 이 공법이 사용된다.

텅스텐 바를 소결한 후 물성을 개선하기 위하여 스웨이징 공법으로 40밀리에서 28밀리 등으로 스웨이징하는 공정에 필요한 장비를 구매하면서 조 사장을 만났다는 것은 위에서 말했다. 1997년 IMF를 만나 중소 수입상들이 경영상 타격을 받으면서 조 사장도 마찬가지로 사업 범위를 많이 축소하여 운영해오다 근래에는 자동차 부품 회사를 독일과 합작으로 설립 운영하는데 그 공장을 한 번도 가보지는 못했다. 오퍼상 사장을 장비 메이커 회사에서 만나 인사하고 그 자리에서 구매를 결정하고 하는 방법 등은 나의 특유의 비법들이다. 업무에 대한 기술력도 있어야 하고 사람을 보는 눈 또한 수준급이라야만 이런 결정을 내릴 수 있고 또 서로의 신뢰 속에서 이런 업무가 진행되어야 한다. 기계가 입고되고 시험 운전이 완료되어 장비에 대한 FIC(Final Inspection Certificate)도 발행되어 합격됨에 따라 잔금을 지급할 시기에 독일 메이커의 사장 따님이 우리 공장을 방문했다. 그 딸이 회사를 물려받아 지금은 사장으로 있다고 전해 들었다. 여사장이 우리 공장을 방문했을 때 받은 스위스 칼은 아직도 그 추억을 생각하면서 잘 사용하고 있다.

22.
특수 탄약 개발로 친해진 연구원

이 제품만 생각하면 나는 잠깐 멈칫하는 버릇이 나오고 가
슴이 뭉클함을 느낀다. 세상에 태어나 일을 그렇게 좋아하고
열심히, 치열하게 수행해본 역사가 없었기 때문일지도 모르지
만, 이놈을 내가 사랑하는 게 아닌가 싶기도 하다. 사물을 사
랑한다는 것은 그만큼 그것과 맺어진 사연이 특별하기도 하고
그것이 내 생활에 좋은 변화를 주었기 때문일 것이다.

풍산에 근무한 기간은 25년, 그동안 나는 제조·기술 부서
에서 약 10년을 근무하고 1981년 차장 시절에 탄약 개발 부서
에서 근무하게 되었다.

생산 현장에서 경험한 제조 기술을 바탕으로 군대가 필요
로 하는 신 탄약을 개발한다는 것은 풍산에 근무하는 엔지

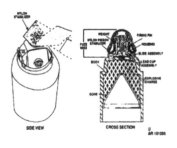

| Grenade assembly의 모양

니어로서는 자랑스럽고 뿌듯한 일일 수 있다. 왜냐면 일반 제조 기술과 탄약 제조 기술 두 가지 모두를 갖게 되기 때문이다. 나도 마찬가지다. 새로운 학문을 만난 것 같다. 왜냐면 너무도 생소한 환경에 온 것 같고 특수 계통의 사람들과 접촉해야 하고 밀리터리 규격Military Specification과 밀리터리 표준Military Standard 속에서 계획하고 설계하고 제조하여 시험하고 표준화해야 하기 때문이다. 군으로부터 승인받아 등록된 기술 자료와 승인된 DOM(Description of Manufacturing)으로만 양산이 가능하다. 양산된 제품은 검사, 시험을 거쳐 정부 검사관으로부터 검사필해야만 납품이 가능한 업무다.

아무튼 나는 일반 제조 기술로서 탄약의 부품을 생산하던 경험으로 탄약 개발 부서에 근무하게 되었다. 직장생활의 한

전환기Moment를 맞게 된 것이다.

개발 책임자의 자리다. 아직 방산의 역사가 짧은 관계로 풍산의 탄약 개발 부서는 연구소로 독립되지 못하고 양산 기술부의 담당 단위 부서로 직제가 되어 있었다. 아직 질서도 어수선했으며 그런 개발 부서를 내가 편하게 지휘할 수 있는 조직으로 정비해야만 했다.

과장 한 명에 대리 두 명으로 이뤄진 팀 3개로 조직을 재편성하면서 나는 과장에게 부서 내 총괄 관리 기능까지 주었다. 내가 부재할 때는 담당 역할도 할 수 있게 한 것이다.

매일 아침에 종합된 팀별 업무일지로 전체 회의를 대신하고 실제로 필요한 실무자와 회의하여 중요한 사항들을 그 자리에서 결정 확인하는 방식으로 운용한 지 3개월이 되니 무언가 조직이 안정되는 느낌이 들었다. 어제 한 일과 내일 할 일이 오늘 정리되어 판단될 수 있었다.

개발 담당이 되어 제일 먼저 개발하게 된 것이 60밀리 연막탄의 탄체와 그 부품들이다. 조립되는 완성탄이 아니고 관련 회사로부터 의뢰받아 부품만 생산하는 일이니, 나로서는 별 어려움 없이 한 달 만에 개발을 완료하고 3만 개라는 양산 발주를 받을 수 있었다.

내 나름의 방법으로 양산에 성공해 관련 회사 김 부장으로부터 추석 선물까지 받게 되었고 나중에 김 부장은 상무로 진급해 자주 만나는 사이가 되었다.

어느 날 회장님이 특수 탄약 개발에 거금의 성과보수까지 걸면서 "회사의 사활이 걸린 탄약 개발"이라며 특수팀을 구성하여 비밀리에 개발할 것을 지시하셨다. 도면과 규격서는 확보된 상태이니 큰 어려움은 없겠지만 원체 재래식 탄약 중에서는 최신 탄약이고 그 기능이 특수하여 부품도 복잡했고 수량도 많았다.

비밀리에 자체 개발을 마치고 시험 단계에 국방부 개발 승인을 받아 국방과학연구소 검수를 받으면서 만난 사람이 이 분야 연구원인 이 선생님이다.

차장도, 부장도, 실장도 아니고 선생님이라니 조금 어색할 것 같아 설명하면, 국방과학연구소는 국방부 산하 정부투자연구소로서 직급은 연구원, 선임이나 책임연구원으로 되어 있고 직책을 가지면 실장, 부장, 본부장이 된다. 내가 만난 연구원은 이후 짧은 기간 실장 직책을 맡았지만, 나는 늘 그를 선생님이라 불렀고 그는 나를 처음에는 차장님이라고 했다가 나중에 내가 전무로 승진했을 때는 전무님이라고 호칭했다.

그리네이드 바디Grenade Body라는 부품은 SCM 재질로 된 합금강을 사용하고 한 면은 엠보싱Embossing이라는 공정으로 파편 효과를 내기 위하여 무늬가 있는 상태에서 컵과 함께 프레스하고 가공하고 또 부품까지 조립해야 제품으로서 완성된다. 이 부품의 개발 로트 검사에서 문제가 발생했다. 이 선생님이 시행한 검사 과정에서 불량으로 판정받은 것이다. 예상치 못했던 사태에 그 처리를 위해 회의를 진행하고 있었다. 연구원 쪽은 규격과 도면에서 서로 차이 나는 검사 항목이 하나 발견되었으니 다시 제조해야 한다는 의견을 냈다.

나는 그 자리에서 그럴 수는 없다는 의견을 제시했다. 이것이 개발 부품이고 다음 단계에서 그 품질을 다시 확인할 수 있는 경결함(가벼운 결함)이라는 입장이었다. 조립이나 기능에 아무런 문제가 되지 않는 항목이라고 설명하면서 재선별하여 재검사 의뢰할 것을 건의했다.

그러니 그는 노트를 닫으면서 회의를 마치자고 한다. 자신은 내 건의를 못 받아준다는 것이다. 회의장의 분위기가 싸늘해졌다. 연구원과 업체 차장이 맞붙기 직전까지 온 것 같은 침묵이 흘렀다. 그런데 저쪽에서 회의의 진행 과정을 보고 있던 부장님께서 한마디 하셨다. "아, 강 차장이 개발 담당을 맡고부터는 우리 국과연의 개발이 순조롭게 진행되는데, 노력을 많이 했는데 한번 봐줄 수 없는가?" 하고 말이다. 그래서 점심 이후 다시 회의하기로 하고 구내식당으로 옮겨 식사하는데 도저히 말이 아니다.

성격들이 서로 강해서인지 아무 말도 없이 밥만 먹고 있으니 냉랭한 분위기는 풀어지질 않는다. 식사를 마치고 커피를 마시면서 내가 다시 설명을 추가로 하면서 심혈을 기울여 만든 그리네이드 개발에 대한 애로사항들도 털어놓고 또 연구원이 제안한 공법을 추후 제품에 적용해 다시 만들 계획까지 설명했다. 그러니 그도 물러섰다. 부장님 말씀도 있고 나중에는 공법을 바꿀 거니까 이 부품들로 다음 단계의 시험을 진행하는 것으로 타협이 되었다. 그러니 내 얼굴도 다시 피어나고 그도 이제 미소를 지으며 열심히 하는 업체의 차장을 봐주는 것도 있지만, 자신이 제안한 다른 공법 진행을 서둘러달라고 요청한다.

예스! 빨리 진행하기로 약속하고 공장으로 돌아왔다.

탄약 신제품 개발은 정부의 몫이다. 그들의 권한이고 그들의 프라이드다. 그렇지만 업체 주도로 개발할 수 있는 규정이 있기에 업체도 가능은 하다. 그러면 협조 관계이지만 경쟁 관계가 잠깐이나마 형성될 수 있는 게 당연하다. 그 조그만 알력을 풀지 못하면 어려움이 오기도 한다.

나중에 변경된 공법으로 제조된 그리네이드 바디가 규격화되어 지금도 양산되고 있다. 철판Steel Plate 프레스 가공 공법에서 용접관Welded Tube & 브레이징Brazing 가공공법으로 변경하여 규격화한 것이다. 이것은 이 선생님과 20여 년간 생활해오면서 딱 한 번 일어난 일이다. 이후에는 이와 같은 일이 일어날수 없을 만큼 친해져서 미리 서로 이해하고 그런 환경을 만들지 않았다.

풍산을 갑자기 그만두고 서울로 와서 이 선생님을 만났다. 걱정할 것 없고 능력이 있으니 다시 시작하자는 위로의 말을 해준다. 내가 고양시 덕양구 화정동에 새로운 터를 잡고 안주한 것도 그의 소개에 따른 것이었다.

탄약을 개발하면서 많은 사람을 만나왔다. 회의 때 한마디 거들어 마무리가 잘 되게 해준 부장님도 1973년에 만났다. 물론 그때는 서로 직장에서 초년병들이었다. 세월이 흘러 국과연 탄약 개발의 총 관리책임자가 되어서 강 차장을 도울 수 있는 위치에까지 오게 된 것이다. 그 뒤로 이 선생님과 나는 가족끼리 만나는 사이가 되었고 서울에 와서는 일주일에 한 번씩 서로 교대로 식사 초대도 하는 사이로 발전할 수 있었다.

M42 그리네이드 바디 제조공법이 철판 컵 드로잉 공법Steel plate cup and drawing methods에서 엠보싱 철 파이프 방법Embossed welded steel tube and brazing methods으로 개선되는 데는 이 선생님의 제안도 있었지만 업체에서도 사전에 조사가 되어 있

었다. 특수탄 개발을 완료하고 양산을 위한 장비 확보를 위해 미국에 출장 가서 조사하고 있는데 회장님으로부터 업체 하나를 소개해줄 테니 방문해서 결과를 보고하라는 지시를 받았다.

미국의 방위산업체에 방문했는데 공장은 경비가 삼엄했다. 가이드를 받아 공장 내부 투어가 가능했다. 우리로서는 다행으로 여기며 시설과 공정을 세부적으로 돌아볼 수 있었다. 첫 공정에 Steel strip feeder, 400ton Transfer Press 3대가 한 조로 연속작업을 하도록 설치되어 있었다. 뒤로 각 공정마다 3개 라인이 설치되어 있었고 공정마다 재가공해야 할 제품이 많이 쌓인 것이 보였다. 보아하니 품질 문제로 셧다운이 된 것이라고 판단할 수 있었다. 엠보싱 된 철판이 컵이 되고 최종 성형공정을 거치면서 엠보싱이 늘어나는 원인에 의하여 발생하는 균열 검사를 위해 제품은 초음파탐상기로 100퍼센트 비파괴검사를 받아야 하는데 검사 시 완벽하게 선별하지 않고 납품하면 화약 충전 공정에서 폭발하는 경우가 발생하는 것으로 조사되어 있었다.

이러한 내용을 회장님께 보고했다. 그 라인을 구매할 생각이 있었는데 그러면 안 되겠네라고 말씀하신다. "그럼 강 이사는 양산 준비를 어떻게 할 것인가?" 한다. "스틸 튜브 공법을 검토해 국방과학연구소와 협의가 끝나면 부산공장에서 파이프 제조 장비를 만들면 됩니다"라고 하니 알겠다며 실수 없도록 하라신다. 국방과학연구소와 향후 공법 개선 협의를 할 때 실례로서 미국 현지 정보를 설명하면 규격 변경 작업에 많은 도움이 될 것으로 생각됐다. 최고 경영주의 발 빠른 사업 구상에 발맞추어 갈 수 있는 인재와 조직이 있다는 것은 회사 발전과 성숙에 많은 뒷받침이 될 것이다.

철을 프레스 공법으로 제조하는 방법에는 열간 공법과 냉간 공법이 있다. 열간 공법은 냉간 공법보다 금속 결함이 거의 없으므로 보편적으로 사용된다. 냉간 공법은 정밀하고 복잡한 치수들을 프레스 작업으로 마무리할 수 있어 정밀한 부품을 생산할 때 주로 사용된다. 자분탐상, 초음파검사로 비파괴검사를 수행하지만 때로는 수압시험 같은 파괴시험을 요구하는 부품도 있다.

23.
황동 탄피 커핑 및 딥 드로잉 공법

탄약 구성품 중 추진제를 담아 발사 압력을 견디고 추출되어 탄의 연속 사격을 돕는 포탄의 탄피case는 중요한 역할을 하는 부품이다. 발사 시 탄피는 팽창되었다가 되돌아가는 특성을 보여야 해서 회복력이 좋은 황동 Brass 재질이 탄피 용도로 많이 사용된다. 탄피가 발사 압력으로 확장 팽창되었다가 원래의 치수로 돌아와야만 포의 약실에서

| 여러 종류의 황동 탄피

추출이 잘 되어 연속 사격이 이루어질 수 있는 것이다.

구리 70퍼센트에 아연 30퍼센트인 3/7 황동 Cartridge Brass은 주로 열간으로 압연되어 14밀리미터 두께의 판재로 공급된다.

제조 공정을 간단하게 살펴보면 판금 가공된 Blanking 소재는 열처리하여 커핑 Cupping 공정으로 옮겨지고 완료된 공정 제품은 우선 세척→열처리→세척 공정을 거친다. 그다음 딥 드로잉 Deep Drawing 공정을 네 차례 4 Draw Methods 지나면서 외경, 두께, 바닥 두께 및 전체 길이가 확정된다. 딥 드로잉 공정에서 장비로는 유압 프레스가 사용되는데 상반 Upper Plate과 볼스터 Bolster(받침대)의 평행도와 무빙 슬라이드 Moving Slide의 상하 직진도가 중요하다.

정밀한 장비의 공차 범위 내에서 공구의 정렬 Alignment은 더욱 중요하며 제품의 품질 특성을 결정하기도 한다. 커핑이나

| 공정제품 Process parts

| 유압 프레스 Hydraulic Press

드로잉 공정에 사용되는 윤활유는 매우 중요한 부자재로서 품질 특성에 맞춰 작업성을 좋게 하여 연속적인 생산을 유지할 수 있도록 선정해야 한다. 일반적으로, 라도 오일(돼지기름)을 많이 사용하는데 우리는 일반 유지에서 생산 판매되는 세숫비누를 가루를 내고 용액으로 만들어 사용한다. 그만큼 중요하기 때문에 일반 유지에서 생산된 세숫비누는 공정표준서에 기록되어 있고 물에 용해 시 물의 온도, 윤활제 온도도 중요하다. 소둔된 소재는 공정간 풀림process annealing을 네 번이나 거치는데 입자 크기grain size가 커지지 않도록 관리해야 한다. 소둔 공정 온도와 시간도 중요하다. 너무 높고 긴 시간의 소둔은 과열되어 입자가 크게 생성될 수 있으니 정확한 관리가 필요하다. 네 번의 압신으로 공정 치수에 맞추어진 제품은 마지막 압신 공정과 테이퍼링 공정에서 바디Body 부분의 물성이 결정된다. 이때 황동 물성의 특성이 엑스트라 하드 존zone에 들어야 하는데 인장 강도 기준으로 $50kg/mm^2$ 이상이 유지되어야 사격 시 리커버리 특성이 좋아 확장 팽창된 치수가 원래대로 회복되어 탄피 추출이 잘 된다.

템퍼 그레이드Temper Grade에서 엑스트라 하드의 물성을 확보하는 것은 매우 어려운 기술이다. 최종 압신(드로잉)에서 소성 변형률을 맞게 하여 최대 물성이 나오게 해야 하지만 다음 공정인 테이퍼링이 될 수 있는 범위 내에서의 최고 물성이어야 하니 네 번의 압신 공정이 빈틈 없게 관리되어야 한다. 일반적으로 황동의 템퍼 그레이드는 0, 1/2H, 1/4H, H, EH와 같이 다섯 종류로 나누는데 H(Hard) grade부터는 냉간에서 변형률의 정도로서 결정되기 때문에 EH급은 엑스트라 하드Extra Hard로서 53kg/mm^2 이상의 인장 강도가 요구되기 때문에 고급기술을 확보해야만 가능한 것이다.

테이퍼링 공정을 거치면 탄피의 모양이 형성되고 마우스 소둔 및 내력 제거 소둔 공정을 거치면 프레스 장비로서 이루어지는 소성가공은 끝난다. 그다음 기계 가공하여 내외부의 치수를 정밀하게 맞춰 챔버 게이지로서 포에 장전될 수 있는 치수를 검사한다. 이때 육안으로 덴트dent, 래머네이션lamination 등 각 부위를 검사하여 로트를 구성하고 표면엔 자연산화 피막을 임의로 올려 장기 보관할 때 변색이 되지 않게 처리해야 한다.

이렇게 황동 탄피Brass case에 대한 개략적인 공정을 설명했다. 방위산업 종사자가 아니더라도 원통 모양 황동 탄피의 딥 드로잉 공정을 어느 정도 이해했으면 한다. 5.56밀리미터에서 105밀리미터 사이즈의 탄피는 크기만 다르지, 제품이 가져야 하는 특성은 같아서 원통을 목내기(목 모양으로 길쭉하게 뽑는 것)하여 입구를 줄였을 뿐이지, 몸체 및 입구 바닥이 가져야 하는 물성(기계적 성질)은 거의 같다.

구리Copper를 기지 소재로 하는 재료로는 황동brass, 청동 Bronze 등으로 구분되고 단동Gilding Metal이라 하여 특수 용도에 맞게 만들어진 재료도 있다. 절삭성을 위해서는 납을 추가하여 쾌삭 황동봉으로 만들고 이는 탄약의 뇌관 부품용으로 쓰이는데, 다축 자동선반을 이용하여 가공된다.

순동 판재는 소총 탄약의 탄두bullet용으로 사용되고 배터리용 청동 판재는 특성에 맞는 모양으로 가공되어 스프링 용도로 사용된다. 이처럼 탄약은 종합기술의 결합체라고 할 수 있다. 구리를 모 재료로 한 각종 재질들이 사용되고 부품 형상을 위한 각종 공법, 단조, 블랭킹, 커핑, 딥 드로잉, 열처리, 절삭가공 등의 공법도 다양하게 사용된다. 우리가 사용하는 동전은 동과 니켈이 합금된 소재로 니켈의 특성에 따라 색깔이 희게 된다.

- 딥 드로잉이란 판재 소재를 성형하는 공정을 말한다.
- 블랭킹blanking 소재는 기계적으로 동작되는 펀치에 의해 성형 다이 안에서 작업된다.
- 소재와 같이 트랜스 성형된다.

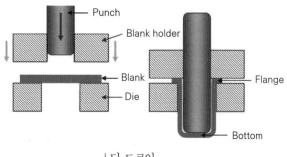

| 딥 드로잉

- 이 공정에서 드로잉 길이는 제품 직경을 넘지 않게 설계
되어야 한다.
- 이와 같은 작업은 연속 다이a series die에서 재드로잉 된다.
- 프랜지 부위(다이에 있는 어깨 부위 소재)는 소재의 특성 때
문에 방사성 스트레스와 수직으로는 압축응력을 받는다.
- 압축응력은 프랜지에 주름이 생기게 하고 이것은 브랭크
홀더에 의해 방지할 수 있다.
- 이 기능은 다이 속에서 소재의 흐름을 설비로 조정함으로
써 실현된다.

24.
탄소강 제품의 소입 후 뜨임 처리

품질관리 본부장과 연구소 임원을 겸직할 때 있었던 일이다. 탱크 탄약의 철 탄피Steel Case는 제조 공정이 복잡하고 고도의 기술을 필요로 하는 제품이다. SAE 1030이라는 탄소강 판재로서 커핑 및 딥 드로잉Cupping & Deep Drawing 공법으로 제조되며 인장 강도Tensile Strength의 기준 $100km/mm^2$ 이상을 유지하면서 제품으로서의 특성도 갖춰야 하고, 특히 연신율Elongation을 충분히 확보해야 한다. 고주파로 빠르게 가열, 빠르게 냉각하는 방법으로 소입Quenching하고 균일하게 열을 가해 온도 관리가 정밀하게 이뤄지는 열처리로에서 템퍼링Tempering을 하는 '열처리' 공정을 거쳐야 하는데, 그 관리가 매우 중요하면서 예민하다.

| Steel Case and scraped used case

금속에 특정한 열을 가한 후 냉각시키면서 온도를 조절해 금속 고유의 성질과 다른 특성을 얻어내는 작업을 '열처리'라고 한다. 강철Steel의 열처리 방법을 크게 나누면 불림Normalizing(소준), 풀림Annealing(소둔), 담금질Quenching(소입), 뜨임Tempering(소려) 등이 있다. 스틸케이스는 담금질하고 뜨임을 하여 규격이 정하는 최종 물성을 확정하는데 여기서 강의 담금질을 간단히 설명해보자.

강의 담금질은 보통 오스테나이트화의 온도 Ac1 또는 Ac3 변태점보다 30~50도씨 높게 가열하고 물 또는 기름에 담가 연속 냉각시키는 방법으로 물 담금질은 큰 경도를 부여한다. 고탄소강이나 합금강일 때는 담금질 때 균열이 일어나거나 응력이 발생하기 쉬우므로 기름에 넣어서 담금질한다.

담금질 작업에서 가장 중요한 점은 임계구역까지 될 수 있

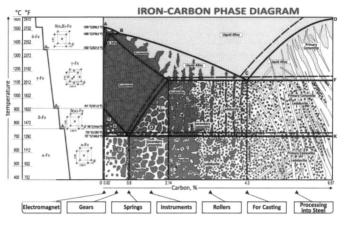

| 철-시멘타이트계 평형상태도

으면 빨리 냉각시키는 일이다. 천천히 냉각하면 풀림 열처리가
되고 말기 때문이다. 그러므로 이 구역을 임계구역이라 한다.
임계구역에서 신속히 냉각된 것은 담금질이 약속된 것이며 실
제 경화되는 것은 250도씨 이하 저온에서 일어난다. 스틸케이
스는 중탄소강으로 두께가 얇아서 가열 후 임계온도까지의 급
냉각이 중요하기 때문에 특별히 관리되어야 한다. 이렇게 하려
면 가열코일 바로 밑에 고압의 냉각수가 살수될 수 있는 장치
가 필요하다. 빠르게 가열되고 물에서 빠르게 냉각되므로 높
은 강도를 얻을 수 있으나 템퍼링 온도와 시간 조건을 알맞게
맞추어야 제품 특성에 알맞은 열처리를 할 수 있다.

이렇게 복잡
하고 전문적인
열처리에 대하
여 많은 설명을
하는 것은 불
량 원인 규명에
관해 설명할 때
이해를 돕기 위

| 열처리 로 Electric Teat Treatment Furnace

해서다.

탄약에서 케이스(탄피)의 기능은 탄약 조정을 유지하여 탄
의 약실 내 장전을 돕고 발사 추진 장약의 컨테이너 역할도 하
면서 발사 후 추출이 거의 완벽해야 다음 사격이 가능하며 특
히 자동소총이나 자동화기 등은 자동 추출에 문제가 있으면
사격 자체가 중지되고 만다.

사격 시 발생하는 약실 내 압력은 5만 psi에 달하므로 케이
스 자체로서 100퍼센트 압력 보호의 역할은 안 되고 최종 보
호는 포의 방이 커버하므로 케이스는 발사 시 확장 팽창되고
되돌아가는 특성이 있어야 만족스러운 추출 기능을 발휘할 수
있다. 이 추출 기능이 100퍼센트 되지 않으면 그 로트가 불량
이 되기 때문에 가능하면 케이스의 강도가 높은 쪽으로 관리

를 해 회복성이 좋아 추출이 잘 되게 한다.(그러나 이 경우 틈이 발생할 수 있어서 조심해야 한다. 이 부분은 나중에 불량의 원인으로 다시 설명할 것이다.)

생산된 스틸케이스 1개 로트가 대략 2만 개 크기인데 최종 검사 합격 로트에서 100ea의 케이스 시료를 샘플링하여 더미 Dummy 몸체를 조립하여 실제 사격장에서 케이스의 안전도 사격시험을 하고 조립공정을 거쳐서 완성한 케이스 조립체Case Assembly로서 조립이 된다. 안전도 시험에서의 품질 특성은 크리티컬Critical(치명 결점) 수준으로 추출 불량과 크랙을 0/1로 관리 검사하고 있다. 0이란 불량이 없어야 한다는 뜻이고, 1이란 불량 발생 개수가 하나이면 한 번의 재검사를 할 수 있다는 뜻이다. 하나라도 발생하면 그 로트 2만 개가 불량이고 재시험을 1회에 한하여 실시할 수 있다. 이렇게 스틸케이스는 사격 시 추출이 잘되기 위해서는 강도를 높여 관리해야 하고 탄피 균열이 발생하지 않기 위해서는 약간 연하고 연신율이 높게 관리하는 것이 좋은 이중성이 있어서 고도의 품질관리 기술이 필요하다. 또한 생산된 로트는 나중에 원인 규명 등을 위하여 철저히 관리되어야 한다.

아니나 다를까 한번은 시험장에서 105밀리미터 탱크 완성탄약 최종시험에서 케이스의 크랙 불량으로 시험이 중지되었다는 연락을 받았다. 1개의 균열이 발생해 불량 판정과 함께 시험이 중지된 것이다. 12월 초에 발생한 것으로 납기가 15일 밖에 남지 않은 로트이니 납기 이내에 이를 처리하지 못하면 군납품 계약조건상 연체료를 물어야 하는 큰 부담을 질 수밖에 없었다.

시험장에는 우수 대학 금속과를 졸업하고 스틸케이스 생산 기술을 오랫동안 책임지고 관리하고 있는 베테랑급 엔지니어 정 과장이 출장 가서 시험에 참관하고 있었다. "정 과장! 너 케이스 템퍼링 후에 인장 강도를 얼마의 값에서 관리한 것이냐" 라고 전화로 물었다. 이놈은 벌써 불량 발생 원인을 나와 같이 예측했는지 "예, 그게 문제입니다"라고 대답한다. 사격장에서 케이스 추출이 잘 되지 않는다고 하여 인장 강도를 규정보다 높게 설정했다는 것이다. 이것은 켄칭Quenching(급속 냉각) 후 템퍼링 온도와 시간을 낮고 짧게 조정하여 강도는 높고 연신율은 낮게 제어한 것이다.

탄은 조립되어 있고 케이스는 홈에 고정, 변형되어 조립된 것이다. 탄약 수락 시험에서 불량이 발생하면 회사에 상주하고 있는 정부 감독관이 국방 품질검사소에 보고하고 불량 원인 규명 계획을 수립하여 승인받아 집행하도록 되어 있다.

불량 원인 규명계획을 수립해 품관소 담당자와 상의했다. 케이스를 분해하여 재차 템퍼링해 인장 강도는 낮추고 El(연신율)은 높여서 케이스를 약간 연하게 조정하겠다고 했다. 케이스 분해는 물론 추진 화약과 뇌관 몸체 조립품도 분해해야 한다. 분해된 각 반조립Sub-assembly 부품은 재차 로트 구성 재검사를 받아야 하니 그 비용도 회사로서는 부담이 가는 것이다.

케이스 표면 바니쉬Vanish(니스)를 제거하고 세척, 재열처리 후 재검사하여 로트를 재구성하면 2만 개에서 235개가 각종 시료로 줄어들었다. 1만 9765개 재로트 구성품에서 추가로 100개의 시료를 샘플링해 LAP 공장으로 넘기고 정 과장과 다시 원인과 대책에 관한 확인을 한 결과 불량 발생한 로트는 기준 물성을 10퍼센트 정도 상회하여 설정한 것이 원인이라는 확신을 하고 탄의 조립을 진두지휘했다.

케이스는 조립되기 전에 케이스 자체로서 안전도 시험에서 합격되어야 하고 완성탄 시험까지 두 번의 최종시험을 거쳐야 하는데, 케이스 안전도 시험에서 무사히 합격했고 완성탄 시험을 기다리고 있었다. 나는 가슴을 조이면서 직접 시험에 참가해 그 결과를 기다렸다.

100발의 시험 시료 중에 95발이 사격되고 5발이 남았다. 한 발 한발의 순간이 무척이나 길고 긴장되는 순간들이었다. 드디어 시험이 끝났다. 불량이 발생하지 않았다. 완벽한 결과다. 파열(크랙)도 없고, 케이스 추출도 잘 되었다. 사격장에서 스틸 케이스 파열 불량이라는 통보를 받고 그 원인을 규명한 뒤 곧바로 품관소의 승인을 받아 재작업, 재시험 및 납품까지 2주일이 채 걸리지 않았다. 꿈같은 일이 벌어진 것이다. 아니 해결된 것이다.

스틸케이스는 일종의 압력용기 역할을 하면서 발사 후 자동으로 분출되어야 하니 강하면서 인성Toughness이 충분해야 한다. 강하게 열처리하여 질긴 특성은 템퍼링이라는 공정에서 제품 특성에 맞게 처리되어야만 강하면서 질긴 특성의 제품을 만들 수 있다. 돌아보면 나름 극적이고 역사적인 현장에 내가 있었다는 생각이 든다. 품질 보증에 대한 일념이 나를 있게 한 것이다.

25.
멘드렐이라는 단어의 의미

1990년 가을쯤의 일이다. 정식 임원으로 승진하여 제품 개
발, 양산의 품질 보증 업무를 맡고 있던 시기에 90밀리미터 탱
크 탄약 최종시험장 현장에서 불량이 발생했다고 연락이 왔다.
그것도 사격 시험 중 스틸케이스에서 파열crack(벌어진 틈새)이
발생한 불량이라고 말이다. 방위산업의 각종 부품과 완성탄은
조립하기 전에, 또 조립 후에 군의 최종시험장에서 사격 시험
을 하여 부품의 안전도와 완성탄의 성능을 평가하게 되어 있
다. 그 평가 기준에는 경결함, 중결함, 치명 결함 등으로 분류가
되어 합격 불합격을 판단하는 데 기준으로 삼고 있다.
　사격 시 케이스에서 틈이 발생하면 치명 결함이다. 만약 한
번의 재시험으로 합격하지 못하면 전 로트가 불량품으로 폐

기 처리된다는 규정을 생각하면서 이걸 어떻게 해결할까 생각하니 눈앞이 캄캄해졌다. 탄약은 완성품으로 조립된 상태이고 그 부품(스틸케이스)에 대해선 이미 예상된 모든 시험을 실행했기 때문에, 솔직히 말해 별도의 원인을 규명할 자신이 없었다.

당시 나는 1980년부터 품질보증본부를 연구개발 업무와 같이 겸직하고 있을 때라 개발 및 양산에서 발생하는 문제는 나의 책임 아래 해결해야만 했다. 원인을 규명하여 대책을 수립해야 하는데 방안이 없어 미국 로스앤젤레스에 있는 동종 방위산업체인 NI Industries, Inc.를 방문하여 도움을 요청하기로 했다. 미국의 해당 업체를 조사해보니 기술적인 보안이 대단하여 한국 사람은 누구도 방문한 실적이 없는 회사로 조사되었다. 노리스사를 견학하기 위해 LA지사에 근무하던 미국인 리온Lion Rummel 씨에게 그 회사를 방문할 수 있는 방법을 찾아달라고 부탁했다. 리온이라는 미국인은 당시 중고 장비 구매업무에 대한 나의 미국 측 업무 파트너로서 10년 가까이 함께 일을 해왔다. 그는 내가 원하는 것이 무엇인지를 아주 잘 아는 노익장이다. 나이도 나보다 20년이 더 연배다.

그가 방문할 수 있는 방법을 찾았다고 연락을 해왔다. 5년전 한미 안보협의회 방위산업체 상호방문 계획의 일한으로 노리스사의 영업 부사장이 풍산을 방문한 사실을 찾아낸 것이다. 완전히 미국 사고방식으로 당신도 우리 회사를 한번 방문했으니 나도 한번 방문해도 되겠느냐고 연락하니 흔쾌히 좋다는 연락을 받았다. 역시 정면 돌파가 좋은 방법이다. 아주 기분이 좋았다. 기술적으로 우위에 있는 동종의 미국 방위업체의 방문 허가를 내 힘으로 받았으니까 말이다. 이렇게 미국에 출장 가면서 서울 본사에 계시는 부회장님께 보고하니 같은 공정을 꼭 보고 와서 문제를 해결하라는 무게 실린 지시도 받았다.

노리스사를 방문하여 스틸케이스 생산 설비를 견학할 수 있었는데 막상 내가 원하는 공정은 견학하지 못했다. 스틸케이스의 안전도를 공정 간의 파괴시험 방법으로 시행하는 팽창시험 Expansion Test 공정을 보지 못한 것이다. 그래서 나오게 된 것이 멘드렐Mandrel이라는 영어 단어다.

이해를 돕기 위해 스틸케이스 제조 공정을 간단히 설명하면 다음과 같다. 스틸케이스는 포탄의 추진제를 담는 케이스로, 냉간 딥 드로잉 공법으로 제조되는데 원 소재인 스틸 플레이트를 블랭킹하여 구상화 소둔을 하고 세척 및 윤활하여 커핑, 드로잉한다. 4 드로잉 공법이니 드로잉 간에는 프로세스 어닐링Process Annealing으로 구상화를 회복시켜 여러 번 드로잉한다. 그 후 공정으로 넥킹Necking, 고주파 열처리 및 입구 사이징

Mouth Sizing 등이 있다. 스틸케이스는 압력 용기의 특성을 가지
며 사격 시 5만 psi의 약실 압력을 받아 팽창되었다가 원상으
로 회복하여 케이스의 추출이 자동으로 이루어져야 한다. 따
라서 제조공정에서 최종 물성의 강도를 얻고 기밀을 유지하기
위한 특성을 관리하고 냉간 소성가공에서 발생할 수 있는 금
속 결함을 공정 과정에서 완벽하게 찾아내야 한다. 이를 위하
여 케이스 팽창 시험을 해야 하는데 당시 국내 기술 수준이 낮
아 어떻게 해야 하는지 이해도 못하고, 이를 생략해버려서 문
제가 된 것이다.

나는 이 케이스 공정에서 팽창 방법과 검사 공정을 견학·
이해하기 위해 미국에 온 것이다. 노리스사의 스틸케이스 생
산 설비를 영업과장의 안내로 돌아봤지만 원하는 그 공정은
볼 수 없어서 영업 부사장을 찾아가 이 사실을 이야기하니 노
리스사의 부사장 말이 팽창시험 공정은 정부 통제구역이고 또
자기들의 기술이니 보여줄 수 없다는 입장이었다.

하지만 나는 이 공정을 보기 위해 미국에 왔고 스틸케이스
의 불량품을 해결해야 한다는 간절한 사연을 이야기하고 설명
이라도 해달라고 부탁하니 부사장이 나를 한참 동안 바라보다
가 곤란한 표정으로 말을 이어갔다. 미국은 법치 국가로서 법
을 잘 지켜야 하고 우리는 정부 관리가 상주하여 감독하는 특

급 방위산업체다. 이곳의 부사장으로서 공정 견학은 절대로 안 되고 개인적인 자격으로 설명을 해주겠는데 이해할 수 있겠느냐는 것이었다. 이런 자세로 그는 한 번 더 나를 보면서 설명해주는데 그 가운데 '멘드렐Mandrel'이라는 단어가 확실히 들려왔다.

그러자 오리무중인 머리가 갑자기 환해지면서 모든 걸 이해하게 되었다. 나는 곧바로 "땡큐" 하면서 부사장의 손을 잡고 이해했다고 말했다. 내가 좋아하니 그가 이상한 눈으로 쳐다보았다. 그것도 그럴 것이 이제 막 설명을 시작하는데 멘드렐이라는 단어를 듣자마자 문제가 해결된 양 좋아하니 당연했다. 하지만 이해한 게 맞다. 문제 해결의 방안도 그 자리에서 떠올랐다.

나는 나를 남에게 소개할 때, 기계 그리고 탄약 기술자라고 말한다. 기계 기술자라는 말은 대학에서 기계공학과를 졸업하고 기계 가공 현장에서 기술을 배웠다는 의미를 말한다. 그리고 탄약 기술자라고 하는 것은 그 기계 기술로 방위산업체에서 탄약 부품을 생산, 조립하고 완성탄 시험을 하고 실시했다는 의미다. 방위산업체에 근무했더라도 탄약 부서에서 근무하지 못하면 기계, 금속, 화공기술자다. 그래서 나는 자랑삼아 그렇게 이야기한다.

| Expansion sliver and Mandrel

그러면 맨드렐Mandrel이라는 단어는 도대체 무엇인가? 내용은 바로 이렇다. 외부는 스트레이트이고 내부를 테이퍼로 만든 콜릿Collet 내부에 테이퍼 진 맨드렐을 위에서 아래로 프레스Press로 누르면 콜릿의 외경이 아래위 직선으로 증가하여 제품을 안에서 밖으로 팽창시킬 수 있다는 원리다. 스틸케이스가 팽창되어 외경이 늘어나니 공정 간 크랙 등의 결함이 발생하는지 알 수 있다. 이것은 그 과정에서 불량품이 있다면 드러나지 않을 수 없는 100퍼센트 파괴시험(선별)일 수 있는 것이다. 이것이 바로 팽창시켜서 불량품을 찾아내는 익스팬션 테스트Expansion Test(팽창시험)다.

노리스사를 나오자마자 나는 공중전화 부스로 뛰어갔다. 왜냐면 윤 과장에게 이 기쁨과 함께 나의 후속 아이디어로 작업을 지시하기 위해서다. "윤 과장! 스틸 콜릿 척에 멘드렐의 센터를 놓고 프레스에서 누르면 되는데 너 알겠냐?" 하니까 윤 과장도 이해했는지 좋다고 답을 한다. 이것은 전형적인 엔지니어들의 대화다. 내 기술이 아무리 좋아도 그 기술을 공유하는 부하 기술자가 없다면 서로 설명하고 이해하는 데 시간이 걸리고 100퍼센트 이해하지 못한 데서 오는 시행착오도 있을 수 있다. 우리는 "오케이"라는 간단한 용어 하나로 서로의 기술과 지시 내용을 이해할 수 있었으니 당시 풍산이라는 회사가 얼마나 기술 공유가 착착 이뤄질 수 있을 만큼 기술 표준화가 잘되어 있었는지를 실감할 수 있었다. 좀 과장한다면 아주 여유 있는 개선장군이 된 기분으로 귀국길에 올랐다.

대한항공은 내가 가장 사랑하는 에어라인이다. 나중에는 마일리지가 75만 마일이 넘어설 정도로 수많은 출장길에 동반한 코리안 에어는 나의 오랜 친구였다. 나는 국내외로 출장을 많이 다녔다. 기술 도입과 장비 구매를 위해서이기도 하고 전시회에 출품된 기술을 보고 자체에서 연구 개발하여 실용화하기 위해서이기도 한다. 75만 마일리지로는 미국에 부부 동반하여 열 번을 왕복할 수가 있는 정도이니 비행기에 실제로 탑승한 횟수는 그것의 열 배는 넘고 출장 일수는 일주일씩만 계산해도 700일이 넘는다. 풍산 본사에 들리니 부회장님께서

"그래 그 공정은 보고 왔느냐"고 물으셨다.

나는 반사적으로 그 공정은 못 보았다고 말씀드렸다. 그게 사실이고, 보지 못했어도 해결할 수 있어서인지 아니면 설명만 듣고도 대책을 마련할 수 있었던 자만심에서 온 자세인지는 몰라도, 보지 못하고 왔다는 대답이 너무 빨리 나와 약간은 죄송한 마음이었다. 불량 로트의 금액적인 손실이 보통이 아니라 부회장님께서 신경을 많이 쓰고 있다는 이야기이니 빨리 공장으로 내려가서 문제를 해결하겠다는 의지를 다지고 본사를 나왔다.

그러나 문제가 생겼다. 조립된 탄약을 분해해보니 스틸케이스의 입구가 줄여져 있다. 결과적으로 입구의 내경이 작아 멘드렐을 넣을 수 없었다. 이것을 어떻게 해결해야 하나 생각을 거듭하니 아이디어가 떠올랐다. 수압으로 하자고! 제품 외경의 10퍼센트를 팽창시키기 위한 케이스 전후를 고압의 물이 누수되지 않게 밀폐시키는 것도 쉬운 일이 아니었다. 결과적으로 이 모든 과정이 착착 진행되어 3퍼센트의 불량 케이스를 선별할 수 있었다. 이것을 재작업하여 재로트를 구성하여 케이스 안전도 시험을 실시할 수 있게 되었으니 감개무량했다. 물론 완성탄 재로트 최종시험에서는 합격점을 받아 탄약은 납품되었고 나는 또 새로운 일을 위하여 출장을 가야 했다. 새로운 로트 생산 시에는 작업 표준 속에 멘드렐을 이용한 팽창시험 공정을 기술변경 메모로 추가하여 표준화했고 100퍼센트 검사를 하니 3퍼센트 정도의 결함이 발견되어 양질의 품질로 최종시험에 임할 수가 있었고 스틸케이스의 양산에 적합한 기술 표준을 마련할 수 있었다.

멘드렐이라는 단어를 듣는 순간 팽창시험의 방법적 구상이 떠올랐고 이것을 미국 동종업체 부사장에게 설명할 수 있었던 그때 나는 젊었고 많을 실적을 풍산에 남겼다. 그래서 나는 젊은 날의 이러한 추억이 많은 그 회사를 지금도 잊지 못한다.

26.
미국 중고 기계 시장에 참가하다

1987년부터 나는 중고 장비Used Machinery를 구매하기 위해 미국에 자주 출장을 갔다. 그때 파트너로 앞 장에서 말한 리온 Lion Rummel이라는 사람이 있었다. 그는 풍산 미국지사에 근무하고 있었는데 나중에 알아보니 풍산의 소구경 탄약Small Arm 설비를 납품한 적이 있고, 중고 장비 특히 중고 프레스 시장에서는 유명한 딜러였다. 그를 6년이 넘게 따라다녔으니 일도 많이 배우고 중고 시장도 이해할 수 있게 되었다. 또 독일과 영국 등을 많이도 돌아다니며 견문을 넓혔다. 당시는 사주의 자제들이 LA 지사에 와 있을 때다. 딸과 아들이 지사장으로 있으며 국내와 미국을 오가며 중고 장비 구매를 책임졌다. 중고 장비 경매Public Auction가 이루어지고 있는 현장에서 회장님의 아

| Used Machinery 시장에 나와 있는
Bliss 4000ton Knuckle Joint Forging Press

들이 옛날 아버지의 중고 장비 파트너였던 리온을 만나 자기 사업의 책임자로 채용한 것이다. 그렇게 중고 장비 사업을 시작할 때 큰손 역할을 해줄 리온의 도우미 역할을 할 수 있는 사람으로 내가 선택되어 그를 만나게 된 것이다.

한번은 류 사장이 센추리브라스Century Brass Co.라는 미국 동부에 위치한 회사에서 출장 업무 중인 나를 급히 로스앤젤레스로 불렀다. 급히 달려가니 다짜고짜 차에 타라고 한다. 안에는 벌써 누군지 모르는 한 사람이 앉아 있었다. 인사를 하니 변호사라고 소개했다. 얼마나 성격이 급했으면 내가 장비를 보고 사도 좋다는 판단도 내리기 전에 강 부장이 동의하면 현장에서 바로 계약하기 위하여 변호사를 채용한 것이다. 뒤에 안 이야기이지만 미국에서 변호사는 시간으로 비용을 주는 것이니 출발부터 돈이 나가고 있는 셈이다.

기폭제detonate를 조립하는 장비인데, 안전하고 자동화되어 있어 이 장비 한 대가 있으면 작업자 100명은 줄일 수 있는 이름하여 기폭관 조립 장비Detonator, Consolidation & Assembly Machine다. 일종의 화약 자동 충전 장비인데, 우리 풍산에서는 구경도 못해봤던 처음 보는 물건을 보자마자 한 시간 안에 구매 여부를 결정하라니 아무리 간이 큰 나로서도 그렇게 빨리는 결정하지는 못하겠다고 했다. 그래서 먼저 들어가시면 제가 장비 조사를 좀 더 해보고 내일 아침에 보고를 드리겠다고 했다. 그래서 류 사장은 먼저 가고 나만 남아 조사를 더 해보니 꼭 필요한 것은 확실했다. 그렇지만 이 분야는 당시 박 이사 소관이니 저녁에 호텔에서 전화를 걸어 동의Agree를 받고, 이튿날 아침 그 기계를 구매해도 좋다고 공장에서 확인까지 받았다고 보고한 뒤에 구매 작업에 들어갔다.

참고로 디토네이트 충진 및 조립공장에는 200명이 넘는 여직원들이 직접 손에 든 스푼으로 화약을 덜어 전자저울에서 중량을 달고, 그리고 다이에 화약을 붓고 에어 프레스에서 충전작업을 하는 공정이 진행되고 있었다. 인력도 상당히 소요되고 안전장치는 되어 있지만, 가끔 사고가 발생하니 직원들이 항상 불안해하는 업무 중 하나였다.

당시 LA 지사장은 우리는 수동으로 조립하기 때문에 안전사고도 많이 나고 인력도 많이 소요되는 이 라인의 개선에 이바지한 점이 많지만, 이 위험하고 비경제적인 라인을 개선한 것을 아무도 잘 모른다. 미국 지사장은 사장이고 나는 부장이니 내가 한 것으로 알고 있지만 이 개선 작업은 미국 지사장이 직접 장비를 사고 공구까지 LA 지사에서 다시 확인하여 공장으로 보냈으니 100퍼센트 그가 한 일이다.

미국 지사장한테서 또 급히 들어오라는 지시를 귀국한 그

다음 날 받았다. 하루 쉬고 또 미국으로 가야 했다. 2500톤 수압 단조 프레스를 온산 공장에 설치할 목적으로 구매했는데 온산 공장에서 사용할 수 없다고 하니 좋은 방법이 없느냐고 나에게 물었다. 그 이야기를 들은 내 첫 한마디는 "우리가 쓰겠습니다"였다. 지사장이 무척 좋아했다. 아마 쓸 데도 없는 장비를 마구 산다고 회장님께 꾸중깨나 들은 모양이다. 아니나 다를까 그날 저녁에 회장님께서 그 이야기를 나에게 하셨다. 온산 공장에서는 못 쓴다고 하니 "류 사장 네가 다른 곳에 팔든지 알아서 삶아 먹으라"고 호통을 쳤다고 말씀하시면서도 아들이 저질러놓은 일인데 강 부장 네가 해결 방안을 찾아보라는 내용이 포함되어 있는 말씀이었다. 말씀이 끝나자마자 그 프레스는 안강 공장에서 쓰기로 했다고 말씀을 드리니 "벌써 그렇게 결정했다는 말인가, 그 참 잘된 일이다. 그런데 강 부장 너는 그 장비를 어떻게 가동하려고 하나, 자신 있는가?"라고 물어보시니 "제가 알아서 사용하겠습니다. 2800톤도 세웠는데 거기에 비하면 새 장비 아닙니까?" 하니 회장님이 또 한 번 웃으신다. 강 부장은 회장님 고민을 풀어드리는 기회를 많이 얻는다.

이 얼마나 기막힌 장면인가? 아들과 아버지가 고민하는 일을 부하 직원이, 아니 고용하고 있는 머슴이 단방에 해결해버리는 이 장면은 그 자리에 없었던 사람은 모른다. 류 사장과 강 부장은 기폭관 조립 장비와 2500톤 프레스 외에도 에피소드를 남기며 명콤비를 이루어 처리한 일이 많다. LA 지사에서는 장비를 많이 구매하여 모 회사인 풍산에 많이 팔려고 하고, 이 업무를 조정하는 것 등이 내 업무의 일부분이다.

미국은 정말 큰 나라라는 것을 느낀다. 방산 장비 중고 경매 시장에 가보면 비록 단편적이긴 하지만 중고 기계 시장 규모가 엄청나게 크다는 걸 알 수 있다. 경매에 참가하는 사람이나 회사에 주어지는 기회 중에는 창고에 저장된 장비 인벤토리를 살펴보고 직접 검사해보는 게 있었다. 나도 몇 번 방문해봤다. 미국 서부 및 동부 해안에 미 국방부 소유 창고가 있는데 어느 지역이든 가보면 1만 평이 넘는 창고가 수십 개가 있으니 그 중고 장비 숫자와 규모가 얼마나 큰 것인지 알 수 있었다.

가격이 낮아도 장비를 매도해야 하는 경매에 참여해보면 딜러가 처음에는 "이 장비는 2만 달러"라고 가격을 말한다. 아무도 대답이 없으면 1만 달러로 내려 다시 가격을 수정한다. 그래도 반응이 없으면 5000달러로 내리고, 그래도 대답이 없으면 딜러는 화가 난 것처럼 굴면서 그러면 아무도 안 살 것이냐고 묻는다. 그러면 저쪽에서 100달러라는 소리가 나온다. 그러니까 100달러면 사겠다고 의사 표시를 하고 그때 딜러가

100달러라고 말하면 다른 경쟁자가 200달러를 부른다. 그러면 다시 이쪽에서 400달러라고 두 배수로 왔다 갔다가 하다가 최고가 5000달러까지 부르기도 한다. 만약 여기에 경쟁자가 없다면 딜러가 처음 말한 2만 달러보다 무려 네 배나 싸게 경매되는 것이다. 이런 경매장에서는 30만 달러의 장비도 경쟁자가 없을 시에는 500달러에 살 수 있고, 이것을 수리하고 조립하면 총 5만 달러에 동급의 장비를 확보할 수 있다. 이것이 중고 장비의 매력인데 그 방법과 그 시기를 잘 맞춰야 한다.

한번은 딜러 리온과 독일을 방문할 기회가 왔다. 독일의 유명한 프랑크푸르트 기차역에서 마주보고 서서 이야기하고 있는데 우리 사이로 한 사람이 밀치고 지나가는 순간에 리온의 손가방이 그 사람의 손에 들려 멀리 도망치고 있었다. 순식간에 날치기당한 것이다. 다행히 나의 손가방은 내 손에 들린 채로 있었고 리온의 가방은 잠시 땅에 놓은 것이 날치기당한 이유가 됐다. 순간적인 방심으로 이와 같은 낭패를 당했다. 하지만 중고시장은 이런 날치기 이상이다. 중고 시장에서는 순식간에 몇 천에서 몇 만 달러가 나갈 수도 들어올 수도 있으니 1초도 곁눈을 팔아서는 안 된다. 머리 좋은 딜러들의 머리싸움 현장이 경매이니 만반의 준비를 해서 필요한 장비만 경매에 참가해야지, 이것저것 곁눈팔이 참가를 하면 금전적 손해를 볼 수도 있다는 이야기다.

시카고에서 리온 씨가 센트 루이스 아스날Arsenal에서 참가한 경매를 생각해볼 수 있다. 우리는 오래된 공장에서 떨이로 1000점이 넘는 장비를 몽땅 100만 달러에 구매해버렸다. 그 장비 중 325톤 수압프레스는 국내에 설치하여 많은 생산품을 토해냈다. 이제는 해체되어 국내 중고 시장에서 또 다른 딜러의 방문을 기다리고 있다는 소식이 들려오기도 했다.

중고 장비를 사고, 팔다보면 참으로 아이러니한 일이 많이 발생한다. 내가 구매한 중고 장비가 몇 년 후에는 500톤 단조 장비로 새롭게 둔갑하여 전주에 있는 알루미늄 용기 공장에서 고압가스통을 단조하기도 한다. 이것이 중고 장비의 매력일지 모른다.

리온 씨와의 중고 장비 사업, 류 사장의 사업 도우미 역할은 나 스스로 판단해야 하고 누구에게 물어보고 할 수 있는 일들이 아니었기 때문에 때로는 제3자들의 오해를 살 때도 있었다. 이 이야기를 왜 하느냐 하면 중고 장비 도우미를 할 때 필요치 않은 장비도 본의 아니게 구매하고 공장에 설치한 다음 불용화되어 회사 돈을 낭비한 것 같은 비난도 많이 받았다. 그래서 변명을 하는 것인지도 모른다.

한참의 세월이 흐른 뒤에 나는 상무 직함을 달고 미국 대형

프레스 중고 시장을 방문했다. 풍산에서 직장을 옮겨 ㈜에이에스에이에서 알루미늄 휠의 림 단조용으로 24시간 풀로 돌아가고 있는 7000톤 프레스를 구매하기 위하여 시카고에 들렀다. 이곳에서 혹시 리온이라는 사람을 모르냐고 묻는 사람을 만났다. 나도 미국 중고 시장을 많이 돌아다녔나 보다. 그래서인지 7000톤 프레스는 싸게도 설치했지만 지금도 위용 당당하게 가동되고 있으니 이 또한 단조와 함께한 나의 기술 인생 40년에 영광스러운 페이지를 차지하는 것 아니겠는가.

3부

기술을 넓히다

27.
퓨즈를 이해하면서

1998년 1월부로 김포에 있는 협진 정밀공업㈜에 연구소장 겸 공장장 보직을 받고 새로운 환경에서 근무하게 되는데 나에게는 무척이나 많은 변화가 찾아왔다.

큰 회사에서 작은 중소기업으로 옮겼고, 탄약 제조회사에서 신관 제조회사로 옮겼고 또 경주, 포항 지역에서 서울 지역으로 이사해온 식구들의 환경 변화까지 함께 왔다.

물론 국가적으로는 IMF 위기를 맞은 첫해이기도 한 때였다. 규모가 작은 회사이면서 사장 위에 회장이 있고 회장이 2/3의 주를 가진 주인이고 사장은 1/3의 주를 가지면서 이 회사를 전문 경영하여 이 위치까지 유지해왔으며 그 사장의 추천으로 입사했으니 회장은 자신보다는 사장 쪽에 가까운 인물로 나

| 여러 종류의 퓨즈

를 생각하고 있었다. 신관이라는 제목을 써놓고, 왜 이런 이야기를 먼저 하냐면 나중에 이 관계 속에서 나의 처신에 관해 설명하게 될 것이라 미리 언급해두는 것이다.

신관信管, Fuse은 발사된 탄약이 목표물에 부딪히는 순간, 혹은 예정된 시간에 점화되어 주 탄약을 폭발시키는 기능을 한다. 완성품 품질 수준이 높아 정밀하고 섬세하고 정확하고 내부 구조가 복잡하다. 제조하고 저장 중일 때도 안전해야 하고 탄약에 조립되어 발사할 때는 포구 안에서, 앞에서 또 비행 중에도 안전해야 한다. 안전장치 구조가 기계·전기·화공이 총동

원된 집적 기술로 설계되어 있고, 어떤 신관은 심지어 그 안전 장치가 5중인 것도 있다. 그 복잡함과 섬세함이 시계와 같아 주로 시계 메이커 등이 신관 사업에 참가한다. 협진정밀은 방산 초기에 시계 부품을 보세 가공하여 일본으로 수출하던 회사로 신관 부품을 통해 방위산업에 참가하게 된 것이다.

각종 자동 선반으로 부품을 가공하여 중간 기능 부품을 만들고 이 중간 조립체를 완성 조립하여 최종 퓨즈 어셈블리Fuze Assembly를 만든다. CNC 선반에서는 몸체와 같은 크기가 큰 제품을 가공하고 1축, 다축 자동 선반에서는 크기가 작고 정밀한 부품들을 가공한다.

소형기어 제품은 기어 기계에서, 스프링은 특별 기계로 알루미늄 혹은 아연, 소물 부품은 다이캐스팅으로, 소형 성형 제품들은 프레스 폼잉 공법 등으로, 화공 약품들은 별도 공장의 특수 공정으로 제조되고 시험 검사되어 중간 제품으로 저장되었다가 조립된다.

퓨즈의 각종 안전장치 등은 발사시 탄의 셋백Set Back Force, 회전력 등으로 비장전None Arming 상태에서 장전arming 상태로 변환되어 안전장치가 풀리면서 기폭 장치가 작동, 주 장약이 기폭된다.

신관은 탄환, 폭탄, 어뢰 등에 충전된 폭약을 점화시키는 장치로 그 종류는 기계식 신관과 전자식 신관, 화공식 신관으로 구분되고, 기능별로는 충격식 신관, 시한신관, 근접 시한신관 등으로 구분된다. 좀 더 자세히 보자면 기능에 따라 순발, 지연, 시한, 근접, 관제 신관이 있고 발화 방법에 따라 격발, 관성, 전기, 시계, 전파, 자기음향, 수압신관 등이 있어 각각 목적에 적합한 것이 사용된다.

예를 들면 인마 살상용에는 격발 신관인 순발신관이, 선체 장갑차 등의 강철판을 뚫는 데는 관성식인 지연 신관이, 대공용에는 기계식 시한신관이나 전자식인 근접 신관이, 대 잠수함 용에는 자기음향 수압신관이 사용된다.

25년 동안 종합 금속제조업인 탄약 제조공장에서 대형물 등을 단조 가공하는 업무에 익숙해 있다가 종류는 같지만 아주 작고 복잡한 부품들을 생산하는 퓨즈 공장의 제조공법과 퓨즈의 기능들을 이해하니 이제는 종합 탄약 기술자가 된 것 같다.

IMF 위기를 맞은 시기에 동종의 방위산업체로 회사를 옮긴 나는 즐겁게 열심히 일하면서 탄약에서 신관으로 나의 두뇌를 옮겨야 했고 신관에 관련된 기관, 사람 등을 만나고 사귀었다. 당시 내 나이는 구조조정을 당하기 쉬웠고 사회적으로 퇴직자들이 쏟아졌지만, 나는 취직하여 중책을 맡아, 바쁘게 근무할 수 있었으니 다행한 일이었다.

사내에서는 회장, 사장 다음으로 노사협의회 의장을 맡아 경영자 측과 근로자 측을 오가면서 서로의 이익을 위해 노력해야 했다. 시대 흐름에 맞추어 방위산업체 1호로 신관, 센서 및 금형에 대하여 한국 표준협회로부터 ISO9001 인증을 받아 품질경영인으로서 중대한 임무를 수행했다.

특히 자동 항법 장치에 들어가는 가속도계 센서Accelerometer 개발 성공과 센서의 중요 부품 중 하나인 실리콘웨이퍼로 가공되는 펜들륨이라는 부품을 국내 도산된 업체가 보유한 중고 장비를 구매한 다음 설치된 MEMS 가공 라인에서 국산화한 실적은 반도체 가공 장비에 익숙하지 않은 나로서는 획기적인 경험을 한 것이다. 이것은 또한 협진이 반도체 부품 가공 산업에 참가할 수 있는 생산 설비를 갖추어준 것이기도 했다.

전임 공장장의 후임으로 인계받은 사항들을 내 나름대로는 소화해 근무하는데도 회장과 사장 사이에서 오는 스트레스는 업무 진행에 많은 지장을 주었다. 사장의 추천으로 입사했기에 회장으로부터는 항상 확인받으며 근무하니 실제의 능력 발휘가 어렵고 스트레스 해결을 위한 것은 아닌데 술을 마시는 자리면 나만의 고집을 많이 부렸다. 세월은 다시 흘러 사장과 회장은 헤어지고 나는 또 새로운 일을 찾으면서 열심히 근무

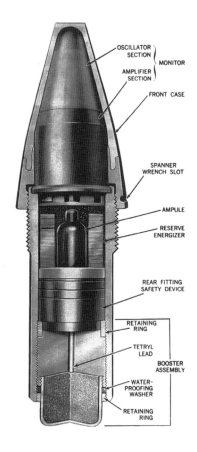

| 퓨즈 내부 설계도

했다.

　보일러 초음파 스케일 제거기를 민수업체와 제휴하여 개발하던 중 러시아 출장을 가기 위해 바쁜데 곽 사장이라는 사람이 찾아왔다. 그의 말이 이렇게 작은 회사에 근무하지 말고 사장을 시켜줄 테니 자기와 어디를 좀 가자는 것이었다. 러시아 출장을 다녀온 이후 충남 금산에 있는 '에이에스에이'라는 알루미늄 휠을 만드는 회사의 공장으로 안내되어 그곳 사장을 만나게 되었다.

　소개받은 사장은 스피닝 머신 4대와 유압 프레스 2대를 가지고 소사장을 해보라는 제안을 했다. 시간을 주면 검토해보겠다고 답변한 뒤 일주일 후에 검토된 자료를 근거로 그것은 사업성이 없어 불가하니 계획된 제품이 있으면 도와드리겠다는 의사를 표시했다. 그러면 단조 휠 개발을 할 수 있겠냐는 질문이 날아들었다. 나는 그 사장의 눈을 보았다. 단조 휠 개발도 중요하지만 어떻게든 나를 붙들어 함께 일을 하겠다는 의지가 강하게 느껴졌다. 단조Forging, 이 말은 내가 가장 좋아하는 말이다. 그리고 협진으로 온 뒤로는 실로 오랜만에 듣는 말이므로 나는 잠시 멈칫했다. 나는 결국 기회를 놓치지 않는 공격에 함락되어 새로운 사장과 일을 같이하게 되었고 협진을 떠나게 되었다.

28.
가속도 센서

Accelerometer는 가속도계 센서로서 자동 항법 장치Inertial Navigation System에 소요되는 완성 부품이다. 가속도계란 운동체의 가속도를 측정하는 계기인데, 진자를 운동체에 장치해두면 운동체 가속도의 영향으로 진자가 움직인다. 진자의 주기가 짧으면, 그 흔들림은 운동체의 가속도에 비례한다. 이 원리를 이용하여 진자의 운동을 확대해서 기록하거나 눈으로 관측한다. 진자의 모양, 감쇠기의 종류, 확대법, 기록법, 판독법, 부속 장치 등이 다양하게 고안된 여러 가지 가속도계가 있다.

전 직장에서는 주로 금속을 가공하여 조립하고 또 화약을 넣어 기능을 발휘하게 하는 기계적이고 눈으로 확인할 수 있는 일들만 해오다가 회사를 옮겨 기계 전자가 복합된 센서 종류의

| 가속도계 센서

개발을 책임진 나는 우선 그 원리와 기능을 이해하기로 했다. 이 기술은 한·러 기술협력사업의 일환으로 정부 연구소와 협진이 공동으로 러시아로부터 기술 도입을 개발하고 있었다.

책임 기술자로는 러시아 모 대학의 전문가가 맡고 있었는데 나와는 만난 지 얼마 되지 않아 아직 서먹해 무엇을 물어볼 수가 없었다. 그러니 진동을 공부해야만 가속도계 근처에서 이야기할 수가 있을 것 같았다. 인간이 산업용 기계를 제작한 이래, 특히 이러한 기계에 동력을 공급하기 위하여 모터를 사용한

때부터 진동 감소 및 방진의 문제는 엔지니어들에게 큰 관심사가 되어왔다. 그 진동을 분석하고 크기를 측정하기 위한 기술들이 발전되는 과정에서 가속도계는 여러 가지 모양과 종류로 개발됐다. 가속도를 두 번 적분하면 거리가 나오는데 비행기나 미사일에서는 이 거리를 측정하기 위하여 가속도계 센서 Accelerometer를 사용한다.

1998년이 지나고 1999년이 왔다. 새로 옮긴 회사에 더욱 익숙해지고 신관에도, 센서에 대해서도 이해하게 되어 나만의 지식을 갖게 되었다. 신관은 이해하는 데는 별 시간이 들지 않았다. 지난 경험에 비추어볼 때 거의 비슷한 공정과 성격의 일이었기 때문이다. 센서는 시간이 조금 걸렸지만 이제 제품의 이해와 업무의 특성 등이 파악되어 러시아 전문 박사와도 대화를 할 수 있고 정부 연구소와의 개발 진행도 업체가 절반은 주도할 수 있을 정도가 되어 그들로부터 신뢰도 쌓았다.

러시아 담당 박사의 이름은 발음이 길고 어려워 코 박사라고 부를 정도까지 왔으니 이제 업무를 진행하고 새로운 계약도 서로가 믿고 할 수 있는 사이까지 되었다. 이렇게 하여 나는 모스크바에 있는 관련 연구소를 방문할 수 있었다. 연구소를 방문했을 때 놀란 것은 그들의 실적과 역사를 정리해놓은 실험실 벽의 장식이었다. 역대 연구소장의 초상화도 그들의 역사를 근엄하게 나타내고 있지만 각종 센서를 연구하고 설계하고 실제 생산에 필요한 고도의 수학 공식들을 누가 개발하고 누가 실제 적용했다는 역대 디자이너의 이름까지도 기록하고 그 것을 그들의 프라이드로 생각하는 자세에 위압감마저 들었다.

　자동 항법 장치에 필요한 자이로와 가속도 센서의 역사적 인 박물관보다 더 역사적이고 더 많이 보관 진열된 개발품, 실제 사용 후 자기 수명을 다한 골동품 같기도 한 자이로 조립체 등은 하나의 예술품으로까지 보였는데, 이것은 그들의 기술에 너무 심취한 이유인지 아니면 내가 너무 문외한이라 이 제 막 센서를 배우는 단계에 있어서인지 모르겠다. 아무튼 그 들의 역사적인 진열품 앞에 선 나는 그 기술과 역사를 존경하고 부러워하는 마음과 함께 매우 흥분되었던 것은 사실이다.

　이렇게 연구소 실험실을 인상 깊고 부러운 감정으로 견학을 마치니 그 연구소의 책임자인 옆에 있는 코 박사가 다시 우러러보이기도 하고 이런 유명한 박사님을 친구로까지 생각할 수 있을 만큼 가까워진 나는 한 번 더 자랑스러웠다. 코 박사님의 집에 초대받았다. 처음으로 러시아인의 가정에 방문하면서 한 번 더 놀라지 않을 수 없었다. 그 놀라움의 시선이 닿은 곳은 서재에서 근엄하게 내려다보고 있는 초상화였다. 역대 서기장 중 한 분의 초상화이지 않겠는가? 그분의 사위가 바로 코 박사다. 우리로 치면 역대 대통령의 사위가 코 박사이고 나는 그의 친구이니 우리의 감정으로는 도저히 이해가 가지 않는다. 문화가 달라서일까? 코 박사님이 겸손해서일까? 도저히 이해가 가지 않는다. 우리 같으면 내가 누구의 사위이고 그러니 나를 알아달라는 둥 말은 하지 않아도 행동으로 나타내고 하는 것이 예사일 것인데 말이다.

아무튼 나는 역사적인 실험실의 견학과 더불어 코 박사님의 가정을 방문해보고는 다시 한번 러시아를 느끼고 코 박사님의 겸손함을 배웠다. 지금도 나는 그분과 가까이 지내고 있고 나의 러시아 가이드 역할을 해주고 있다. 서로 식사할 때는 반주로 소주를 한 잔씩, 두 잔씩 제법 마시곤 하는데 "코 박사, 강 박사" 하면서 형님으로 부르곤 한다.

29.
청정실에 MEMS 가공 설비를 하다

MEMS 가공은 내가 협진정밀에 와서 처음으로 접하는 기술 용어였다. 무척이나 생소하고 많이 연구하고 노력해야 배울 수 있는 기술이라고 생각됐다. 이 시설이 필요하다는 것을 동명정보대학의 제 박사로부터 듣고 나름대로 판단해 만도기계 중앙연구소를 찾았다. 제 박사가 근무할 때 시설된 설비인데 회사가 부도가 나자 설비가 매물로 나와 있어 연구소 청정실로 찾아온 것이다. G7 프로젝트 자금으로 구매했다는데 6억원 정도 투자된 시설이라 한다. 자동차용 각종 센서 부품 가공 용도로 쓰이며, 엑셀러미터 안 실리콘 웨이퍼 펜듈럼Pendulum 제작용에는 사용이 가능하다는 설명을 들었다.

실리콘 웨이퍼로 제조되는 펜듈럼의 공정을 간략히 소개하

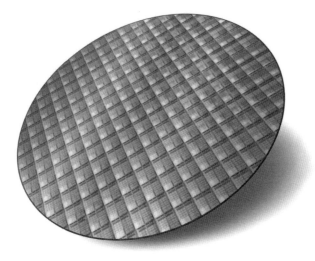

| 실리콘 웨이퍼

면 아래와 같다.

실리콘 웨이퍼(4인치 외경)를 씻어, 실리콘 산화막을 증착한
다(Sio2 증착 Furnace). 마스크에 설계된 대로 PR을 코팅한다.
코팅된 웨이퍼는 얼라이너Aligner라는 장비로 사진을 찍고 현
상을 한 다음 산화막을 제거하여 KOH 식각Etching Machine을
하면 설계된 치수를 얻을 수 있다. 마지막으로 특정 부위 용도
에 맞는 구리나 금, 은 등으로 증착하면 액셀러미터에 들어가
는 펜듈럼으로 사용된다.

0.375밀리미터 두께의 웨이퍼 소재에 펜듈럼 기능이 요구되

는 부위는 0.012밀리미터 두께에 폭이 1밀리미터로 가공이 된다. 이는 식각 가공이 아니면 가공할 방법이 없는지라 매우 호기심이 갔다. 당시 나는 처음으로 접하는 기술이었기에 더욱 그랬다.

원자재는 4인치 실리콘 웨이퍼로 값은 2~6만 원대로 형성돼 있었다. 만도기계와 설비 구매 계약을 완료하고 구매자로서 판매자에게 장비를 팔아준 대가로 저녁 식사를 대접하겠다고 제안했다. 책임자 분도 합석했으면 좋겠다고 해 김 이사라는 사람이 나왔다.

"아니! 상무님 아니십니까?" 김 이사라는 분이 나를 아는 척한다. 다른 사람들도 놀라지 않을 수 없었겠지만 나 역시도 놀라긴 마찬가지였다. 알고 보니 김 이사는 풍산 출신으로 왕년에 내가 풍산에 있을 때 내 밑에 있던 직원이었다. 세상도 좁지만 헤어질 때 아쉬움을 남겨서인지 무척 반갑고 대견스럽기도 하다. 대기업의 임원으로서 선배이자 손님인 나를 맞이하는 자세가 아주 세련됐다.

그는 풍산에 33명의 동기생과 함께 입사한 사람이다. 그 동기생 33명이 5년 동안의 의무 근무를 마치고 완숙한 엔지니어들이 된 날, 이들은 동시에 사표를 쓰고 회사를 나갔다. 김 이사는 그 그룹 중 한 사람이었다. 당시 풍산은 지리적으로 서울과 멀리 떨어져 있긴 했지만, 이곳에서 특례보충역으로 군필을 할 수 있어 유능한 인재를 확보하는 데는 아무런 문제가 없었다. 하지만 그들이 영원한 내 직장으로 생각하게 만들진 못했다. 지역의 특수성과 방위산업체라는 특수성 때문에 같은 날 33명이라는 과장급 엔지니어가 동시에 사표를 내도 업무 유지에 아무런 불편이 없었던 것 자체가 잘못된 구조가 아니었는가 지금은 깊은 생각을 하게 된다.

아무튼 우리는 만도기계라는 회사에서 설비를 파는 사람과 사는 사람으로 만나 식사하면서 옛날이야기를 나눴다. 새로 접하게 된 기술에 대하여 조언도 받고, 성공한 후배가 당시 나를 많이 존경했다는 말에 그래도 헤어진 후배들 앞에 떳떳이 설 수 있는 선배라는 자신감도 조금 얻었다.

만도에서 구매한 MEMS 장비 중 가장 정밀하고 값이 비싼 장비로는 마스크 얼라이너Mask Aligner를 들 수 있다. 처음 접하는 장비로 협진까지의 수송과 설치 및 시험 운전을 전문 회사에 의뢰했다. 제품을 옮겨온 장소는 청정실Clean Room인데 반도체 등 정밀한 작업에는 필수적으로 갖추어야 하는 기본 작업장이다. 기판 등의 부품이나 재료가 오염되지 않도록 공기 중의 먼지를 필터로 제거하는 등 특히 주의하여 외부와 차단한 방을 말한다. 이런 방에 세척기도 설치하고 마스크 얼라이너도 설치하고 순수 물을 생산하는 장비도 설치했다. 이렇게 MEMS 가공 설비를 내가 직접 구매 후 설치하고 시험 운전까지 마치니 또 하나의 생산 설비를 갖춘 공장을 세운 것이다.

| Mask Aligner

협진은 투자가 열악한 회사다. 그런 환경에서 경영주를 이해시키고 건의·승인 이후 집행하여 세운 공장에서 국가 방위에 중요한 주요 국산 병기인 미사일 자동항법장치의 주요 부품 약 세로 미터가 생산되고 있다. 그 액셀러미터의 100퍼센트 국산화에 성공한 이야기이기도 하다.

지금부터는 내가 접한 새로운 기술 및 용어에 관하여 기술해본다.

입자크기 (μm)	청정도 클래스							
	M1	M10	M100	M1,000	M10,000	M100,000	M1,000,000	M10,000,000
0.1	10	102	103	104	-	-	-	-
0.2	2	23	234	2,340	23,400	-	-	-
0.3	1	10	100	1,000	10,000	100,000	1,000,000	10,000,000
0.5	(0.34)	(3.4)	34	340	3,400	34,000	340,000	3,400,000
1.0	-	-	-	80	800	8,000	80,000	800,000
5.0	-	-	-	-	27	270	2,700	27,000
입자크기 범위	0.1~0.3		0.1~0.5	0.1~1.0	0.2~5.0		0.3~0.5	

(개/m³)

＊청정실clean room**의 정의**

공기 부유 입자의 농도를 명시된 청정도 수준 이내로 제어하여 오염 제어가 행해지는 공간으로 필요에 따라 온도, 습도, 실내 압력, 조도, 소음, 진동 등의 환경 조성에 대해서도 제어 및 관리되는 공간이다.

＊청정실의 등급(청정도)

청정실의 청정도는 단위 공간 내 부유 입자의 농도에 따른 청정도 클래스에 따라 나타낸다. 청정실의 청정도 클래스는 숫자로 나타내고, 클래스 M1, 클래스 M10, 클래스 M100, 클래스 M1000, 클래스 M10,000, 클래스 M1,000,000, 클래스 M10,000,000으로 표기한다.

＊미세전자기계시스템 Micro electro mechanical systems**(MEMS)**

나노기술을 이용해 제작되는 매우 작은 기계를 의미한다. 한국어로는 나노 머신이라는 용어로 주로 쓴다. 일본에서는 '마이크로 머신'이라는 표현을 쓰기도 하며, 유럽에서는 'MST(micro systems technology)'라고 일컫기도 한다.

나노 머신은 가공의 기술인 분자나노기술molecular nanotechnology 또는 분자전자공학molecular electronics과는 다른 것이다.

나노 머신은 크기가 1에서 100마이크로미터인 부품들로 구성되어 있고(0.001~0.1mm), 일반적인 크기는 20마이크로미터부터 1밀리미터까지다(i.e.0.02 to 1.0mm). 나노 머신은 데이터를 처리하는 마이크로프로세서와 외부 환경과 상호작용을 위한 마이크로센서 등의 부분으로 구성된다.

30.
용탕 단조로 알루미늄 트럭 휠을 생산하다

자동차 알루미늄 휠을 생산하는 회사로 근무지를 옮겼다. 나이 들어 옮긴 회사지만 그런대로 지낼 수 있었던 것은, 이 회사가 내 단조 기술을 필요로 했기 때문이다. 기존 조직에서도 자기들의 영역을 넘볼 기술자는 아니라고 생각할 것이니 경계할 일도 없을 것이다. 알루미늄 주조 휠을 생산하는 제조업 공장에서 근무하니 기계들이 있고, 기름 냄새를 맡으면서 현장에서 나는 소음도 들을 수 있어 좋았다.

그렇지만 며칠이 지났는데 사장님은 아무런 지시도 없으니 그냥 손 놓고 있을 수는 없어 생각을 해보았다. 주조 휠 전문가인 사장에게 단조에 대해 소개해보자는 생각이었다. 직접 단조 공장을 둘러보며 단조는 이런 것이라는 걸 현장을 통해

| 다양한 알루미늄 휠 제품들

보여주고 약간만 설명을 곁들이면 될 것이다. 러시아에 유명한 단조 회사가 있는데 한번 가서 보고 오자고 건의를 드렸다. 그래서 사장님을 모시고 러시아 단조 공장을 견학하는 출장을 떠났다.

목적지는 모스크바 근교에 있는 로빈스라는 공장이었다. 다행히 우리는 이곳에서 마그네슘 자동차 휠을 단조하는 작업을 볼 수 있었다. 현장에서 유압프레스, 단조 기술, 작업 온도 및 금형 등에 대해 설명할 수 있었지만, 규모가 너무 큰 회사라

현장 투어로만 만족하고 두 번째 공장으로 옮겼다.

모스크바에서 한국 방향으로 2시간을 비행하면 항공 산업 단지가 있는 우파Ufa라는 도시가 있다. 그곳의 소성가공연구소라는 곳에 왔다. 이 연구소는 단조 전문연구소다. 특히 항공기 부품을 설계에서 샘플까지 생산할 수 있는 설비를 갖추고 있어 좋은 경험을 할 수 있었는데 이 연구소의 소장이 오래전에 개발하고 사용하지 않은 자동차 휠 용탕 단조라는 기술이 있는데 관심이 있느냐고 제안해왔다.

용탕 단조Liquid Forging 기술은 처음 듣는다. 우리 사장은 관심이 있다면서 한번 구체적으로 이야기를 해보자고 역제안하니 일의 진척이 빨리 되었고, 거기서 바로 기술 도입 계약을 체결했다. 나는 사장의 일 처리 솜씨가 보통이 아니라는 것을 느꼈고 이래서 사장이란 자리가 좋다는 걸 처음 느꼈다. 최종 결정권자와 함께 오니 현장에서 바로 일이 이루어졌다.

러시아 하면 톨스토이와 도스토옙스키가 먼저 생각난다. 1992년에 동서 냉전이 끝나고 고르바초프가 러시아 첫 대통령으로 선출되면서 한국과도 국교가 정상화되었다. 러시아는 신생 우방과도 같은 나라로 새롭게 다가왔고, 나는 그간 그들의 기술과 문화를 경험하면서 이해의 토대를 쌓아왔기에 이와 같은 기술 수입도 즉각 결정할 수 있었다.

한국에는 10여 개의 알루미늄 자동차 휠 생산 회사가 있는데 모두가 저압 주조Low Pressure Casting Method 공법으로 제조한다. 그 생산 규모가 연간 1000만 개나 된다. 이는 국내 시장 규모인 600~700만 개를 능가하니 경쟁이 치열하여 들어갈 틈이 없다. 당연히 회사로서는 고부가가치 휠 개발의 틈새를 노리게 되었고, 그것의 하나로 용탕 단조 휠 기술을 도입하기로 한 것이다.

용탕 단조Liquid Forging란 용해된 알루미늄을 단조 금형에 주입하여 반응고 상태에서 단위면적당 50~100kg/mm^2의 힘을 가하여 머무르는 동안에 주조 시 발생하는 결함을 없애고 조직을 조밀하게 하여 제품의 기계적 성질을 주조 휠보다 30퍼센트 정도 높게 개선시키는 공법이다. 또한 휠의 중량을 감소시키는 특징이 있다. 이것은 차량 연비를 좋게 하는 효과가 있기에 결국 부가가치를 높일 수 있다. 국내에서는 생산기술연구원을 통해 연구한 실적은 있으나 양산하는 회사는 없고 10년 전 금속학회가 학회지 전체를 용탕 주조 특집으로 편집한 연구 실적은 화려하게 있지만, 생산회사는 전혀 없는 상태였다. 반면 이웃 나라 일본에서는 고정 결합한 금형에 고압의 용융 알루미늄을 주입해 냉각시키는 스퀴즈 캐스팅이라는 유사 공법을 통해 휠을 생산하고 있다.

영국 자료에 따르면 1986년에 장갑차에 사용되는 로더 휠을 용탕 단조 공법으로 양산했으며 지금도 양산하고 있다. Al 6061은 현재 주조 휠 소재로 사용되는 AISI 356.2보다는 주조성이 낮아 356.2로 변경하여 단조 후 물성을 검사해보니 주조 휠의 물성치를 30퍼센트 이상 높이는 결과를 얻을 수 있었다.

러시아의 소성가공연구소 최종보고서에서 부족한 부분은 과학적 연구라는 추가 계약으로 연구를 계속하기로 마무리를 지었다.

우리 회사는 알룩스ALUX라는 자회사를 통해 트럭 휠 생산 계획을 수립하여 공장 건설에 착수했다. 용해로를 설치한 후 온도 유지로도 설치하고, 1700톤 유압프레스를 신규 제작 설치하고 금형을 제작하여 전체 라인을 자동으로 셋업했다.

그런 후 투조 휠의 디스크 금형으로 시험 단조를 시작하고 3개월이 지나서야 처음 양산에 성공할 수 있었다. 일반 견고한 단조 금형 공법에 맞게 설계된 디스크 형상은 용탕 단조로는 주조성과 냉각 조건 설정에 약간의 문제를 안고 있었다. 이런 실제 경험치를 22.5인치 트럭 휠 금형 설계에서 참고하여 제작된 금형으로 트럭 휠을 단조했다. 그랬더니 놀랄만한 결과가 나왔다. 단조 후 맨눈으로 봐도 일반 단조 휠 표면과 똑같은 상태였다. 표면이 빛나고 조밀한 조직이 맨눈으로도 확인되는 뛰어난 품질을 얻은 것이다. X-Ray 검사 결과 주조 냉각 시 나타나는 결함은 없었고, 기계적 성질도 일반 단조 휠의 95퍼센트 수준이었다. 주조 휠보다는 130퍼센트 이상의 기계적 성질을 나타내는 결과를 얻을 수 있었다. 이렇게 트럭, 버스에 사용되는 원피스의 휠이 용탕 단조 공법으로 생산됐다. 600밀리미터 외경의 크기에 40킬로그램 중량이 나가는 스틸 휠Steel Wheel보다 16킬로그램이나 가벼운, 24킬로그램의 트럭 휠 개발에 성공한 것이다.

전 회사에서 근무할 때 단조하는 사람으로서 트럭 휠 생산을 계획만 하고 있다가 휠 전문 메이커에 적을 두면서 개발 생산하게 되니, 약간의 아이러니한 점도 느낄 수 있었다.

알룩스의 사장과 공장장은 물론 내가 기술적으로 존경하는 강 실장님도 러시아 연구소로 동행 출장하여 용탕 단조의 금속학적인 검토를 잘 마무리할 수 있었고, 그 때문에 오늘의 성공적인 결과를 얻었다는 것은 두말할 필요도 없을 것이다. 정보화 시대에 사는 우리는 모든 기술을 될 수 있으면 표준화하여 공유하는 자세가 필요하다. 분야별로 전문성 있게 면밀한 검토를 통해 표준화를 이뤄야 하고 표준화된 자료는 그대로 잘 지켜지도록 노력할 때 공유된 기술은 더 발전할 수 있을 것이다.

| 용탕 단조 프레스Liquid Forging Press

용탕 단조Liquid Forging! 이 글자가 예술로 보인다. 새로운 기
술에 접해 성공했을 때만 느낄 수 있는 그런 희열이 아닐까 싶
다. 용탕 단조로 개발 양산되는 트럭 휠! 내가 개발한 제품 중
가장 큰 단조 제품이다. 트럭이 달고 다니는 희고 반짝이는 알
루미늄 휠.

31.
스피어 압력용기 개발

단조 작업 경험이 많아서 유사한 작업 요청을 가끔 받는다.
한번은 방위산업체에서 함께 신제품 개발을 했던 동료들이 특
수 고압용기를 개발해달라고 요청을 해왔다. 고압용기 제조 공
정은 탄약 몸체의 제조 공정과 유사해서 우리 회사 입장에서
는 특수 소재 확보에 대한 정보와 약간의 기술만 도입하면 개
발이 가능했다. 특히 우리가 갖고 있던 러시아 기술선과 접촉
해 개발을 진행하면 계약자에게 신뢰도 줄 수 있고 향후 사업
의 도출도 유도할 수 있었다.

아래는 당시 내 옛 동료들이 제시한 프로포절이다.

＊프로포절

1. 품목: 구球형 고압용기

2. 재질: 티타늄 6Al-4V

3. 용도: 일반 산업의 용접 부위 파괴검사용

4. 규격: 사용 압력 4500psi, 성형 후 용기 두께 고르기 ±0.25

5. 특기사항: 요구압력을 견디는 확산 접합 용접Diffusion bond-
   ing이나 이에 상응하는 용접 방법, 핫 메탈 블로우 포밍Hot
   Metal Blow(Gas) Forming

6. 도면: 따로 붙임

위의 프로포절에 적힌 특수 생산 공법을 내가 경험한 기반 지식과 러시아 관련 연구소의 논문을 참고해 아래와 같이 설명함으로써 이해를 돕고자 한다.

⊕ 확산 접합 또는 확산 용접

금속 가공에 사용되는 고체 상태 용접 기술로서 유사하거나 서로 다른 금속을 연결할 수 있다. 이 기법은 두 가지 고체 금속 표면의 원자가 시간이 지남에 따라 흩어진다는, 고체 상태의 확산 원리를 바탕으로 한다. 그리고 보통은 물질의 절대 용융 온도의 약 50~70퍼센트 온도에서 수행된다. 확산 접합은 대개 높은 온도와 함께 용접 재료에 고압을 가함으로써 구현된다. 이 기법은 얇은 금속 호일과 금속 와이어 또는 필라멘트 교대층의 '샌드위치'를 용접하는 데 가장 일반적으로 사용된다. 또한 항공우주산업 및 원자력산업에서 고강도, 내화성 금속을 접합할 때도 광범위하게 사용된다.

⊕ 핫 메탈 블로우 포밍

고온 금속 가스 성형이라고도 한다. 금형을 성형하는 방법으로, 금속 튜브를 융점 근처에서부터 융점 이하까지 유연한 상태로 가열한 다음, 가스로 내부에서 가압하여 밀폐 다이에서 성형한다. 이 방법은 이전에 사용되던 냉간cold과 온warm 성형 방법과 비교해 파열 없이 훨씬 더 높은 정도로 금속을 신장시킨다. 또한 금속을 보다 자세하게 성형할 수 있으며 힘도 덜 필요하다. 결국 핫 메탈 블로우 포밍은 금형 없이, 그러니까 오픈된 노爐 안에서 가열된 상태에서 아르곤 가스의 압력으로 성형하는 공법이다.

얼마 후 나는 출장 목적으로 비행기에 몸을 실었다. 옛 동료들에게 프로포절을 받은 제품의 개발 가능성 타진을 위해 소성가공연구소가 있는 러시아 우파로 떠나는 길이었다. 정부 연구기관에서 개발 의뢰를 받은 품목이어서 사전 계획을 철저히 세워야 한다. 그때까지 우리나라는 관이 모든 개발을 주도했고 소요 창출, 개발 계약, 개발 생산, 사후 검사를 다 계약서에 첨부된 규격과 도면을 기준으로 수행해야 했다. 나는 이미 우파의 연구소에 사전 검토를 요구해놓은 상태였다. 그들과 기술 도입 용역계약을 위한 기술 협의도 해야 했다.

공항에 도착하니 연구소장인 카렌 박사가 마중 나와 있다. 나는 이번에도 바우만공과대학 학장으로 근무하던 내 친구 콜서 박사와 동행했다. 두 사람은 본래 친구였고 나도 예전 회사에서 카렌 박사와 많이 접촉하여 서로 친해진 사이였다. 그는 러시아아카데미 회원이자 초소성superplasticity 성형 분야의 국제적 권위자로서 연구소 자체에서 석사, 박사 과정을 운용하고 있었다. 한국으로서는 첨단기술을 많이 확보해야 하는 시점이어서 그 연구소와의 협력이 중요했다. 나는 우파에 일주일간 체류하면서 소요 자재도 검토해 선정하고 두 가지 제조공법(확산 접합 용접과 블로우 포밍 공법)도 확인해야 했으며 또한 파일럿 시험도 거치고 제품 개발계획서도 제시받아야 했다.

첫날은 외부 식당에서 카렌 박사의 저녁식사 초대를 받았다. 우리를 위해 특별한 장소를 섭외했다는 설명을 들었다. 우파는 우랄산맥 서쪽에 위치한 러시아 지방도시다. 우리 민족도 우랄산맥에서 기원했다는 것을 알고 있는 카렌 박사는 우리처

럼 눈도 까맣고 머리 색깔도 까만 이들이 운영하는 동양계 식
당으로 초대했다. 실내에 한국 전통음악이 흘렀으며 차려놓
은 뷔페 음식에는 김치와 유사한 반찬도 있고 고추도 있었다.
야채도 풍성하고 돼지고기도 삶아져 있었다. 이국에서 고향의
향취를 느낄 수 있어 기억에 남는 저녁이 되었다. 후식으로 인
삼차를 마시니 더 정겨웠다.

출장 이틀째에는 일주일간의 업무계획서를 받고 담당자와
오전 내내 협의했다. 그리고 오후에는 용역계약에서 제시될 제
조공법의 시연을 현장에서 보게 되었다. 미리 준비를 잘 해놓
은 것 같았다. 아래 사진은 당시 우리가 본, 플라스틱 병을 제
조하는 유사 공정이다. 1차 소재를 장착하고 가스를 주입시켜
오른쪽의 최종 제품을 생산하는 실제 공정을 보여준다. 기술
이 없는 우리에게는 신기하고 복잡해 보였지만 원리를 알고 기
반 지식을 갖춘 기술자에게는 상식에 지나지 않았다.

| 1차 소재가 장착된 금형(왼쪽)과 블로우 포밍blow forming된 최종 제품

우리는 연구소 측에 공법과 관련된 매뉴얼과 함께 장비 규격 및 사용법, 금형 도면 및 설계를 위한 자료 등이 포함된 전체 기술 자료를 요구했다. 용역계약에서는 소재 확보 방법과 함께 초도품 생산은 현지에서 생산, 시험, 검사한다는 내용까지 넣을 계획이었다. 물론 기술 용역비에 관한 사항도 넣어야 했다.

출장 셋째 날이 되었다. 전날 현장에서 시연을 봤기 때문인지 우리 팀은 조금 흥분되어 있었다. 나는 이 소성가공연구소와의 유대를 이미 강화해놓은 상태이므로 모두 덤비지 말고 새 기술을 정확히 도입해갈 수 있도록 신중을 기하고 유사 자료 같은 것들까지 빠짐없이 연구하라고 지시했다. 그때는 2004년이어서 우리나라의 기술력도 상당히 높아졌다. 전에 근무했던 방위산업체만 해도 재래식 탄약 제조기술에 있어서는 거의 세계적인 수준이었다. 어쨌든 셋째 날은 확산 접합기술에 대해 공부하고 이튿날 또 현장에서 시연을 보기로 했다.

⊕ 확산 접합의 기본 원리

확산 접합은 금속 또는 비금속 재료를 결합시키는 방법이다. 이 확산 기술은 결합 인터페이스에서 요소의 원자 확산을 기반으로 한다. 확산 과정은 실제로 결정체의 격자를 통한 원자 이동 또는 확산의 형태로 질량을 운반하는 과정이다. 또한 원자의 확산은 인접한 원자 사이의 위치 교환, 결정질 격자 구조에서의 격자 원자 interstitial atoms의 움직임 또는 공극의 움직임 같은 많은 메커니즘에 의해 진행된다. 원자 운동에 필요한 낮은 활성화 에너지로 인하여 최신 메커니즘이 선호된다. 그리고 공극은 격자 구조에서 비어 있는 사이트를 가리킨다. 사실 원자의 확산은 물질의 온도와 확산성이 중요한 매개변수인 열역학 과정이다. 일반적으로, 확산계수 D의 확산율은 $D = Do\ exp(-Q/RT)$로 정의되며 여기서 Do는

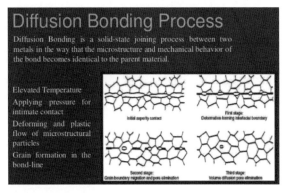

| 확산 접합의 원리
- 초기 돌기 접촉
- 첫 번째 단계: 변형은 인종 간 경계 형성
- 두 번째 단계: 입자 경계 이동 모공 제거
- 세 번째 단계: 체적 확산 기공 제거

격자의 유형 및 확산 원자의 발진 주파수에 따른 주파수 계수다. Q는 활성화 에너지, R은 기체 상수, T는 캘빈 단위의 온도다.

출장 넷째 날에는 전날 교육 받은 내용을 다시 한 번 복습하고 현장으로 가야 했는데 담당자가 약속 시간에 오지 않았다. 그러다가 아니나 다를까, 뒤늦게 카렌 박사를 대동하고 나타났다. 신기술에 대한 기술료를 받아야겠다고 한다. 예상했던 일이었으므로 별도 계약 없이 기존 견적서에 금액을 추가하기로 간단히 협의를 마치고 현장으로 갔는데 지난번 현장과는 다른 곳이다. 무슨 첨단 공장에 온 것 같았다. 우리가 견적을 요청한 프로젝트의 그 설비 라인이 가동되고 있었다. 나는 안내하던 카렌 박사에게 어찌된 일이냐고 물었다. 그는 "우리는 당신들이 요청한 프로젝트의 실험 라인을 가동한 지 오래되었습니다. 생산량의 차이만 있을 뿐이지 품질은 보장되는 라인이죠. 오늘과 내일 이틀 간 담당자 한 명을 배치해놓을 테니 여러분 스스로 공정을 파악하기 바랍니다"라고 말한 뒤, 약속이 있다면서 저녁에 보자고 하며 밖으로 나갔다.

우리는 편안한 마음으로 공정을 견학할 수 있게 되어 다행이었다. 처음 접해보는 기술이지만 수준 낮게 일일이 질문할 수도 없고 그냥 담당자와 우리뿐이니 직접 공정을 파악해도 될 것 같았다. 모두 열심히 살피면서 모르는 것은 서로 상의해 이해하고 넘어갔다. 꼭 필요한 것만 우선 메모를 해놓고서 마치는 시간 직전에 담당자의 설명을 듣고 이해했다.

출장 다섯째 날이었다. 전날 현장에서 점검한 바로는 공정 순서가 1)심 용접seam welding으로 두 장의 티타늄 원판을 가장자리 3밀리미터 폭의 원 둘레로 접합(용접)한다. 2)블로우 포밍 공정이 진공로에서 진행되는데, 유리로 만들어진 로의 창구에서 얇은 판재 두 장이 농구공처럼 서서히 변해가는 모습을 눈으로 확인할 수 있었다. 섭씨 900도씨에서 0.2기압의 아르곤 가스를 주입하여, 금형으로 구속되지 않은 오픈 상태에서도 티타늄 소재를 구형으로 성형했다. 소재를 초소성가공 조건으로 맞추기만 하면 부드러운 풍선에 공기를 넣어 부풀리듯이 금속을 둥글게 만들 수 있었다.

출장 여섯째 날이었다. 그날은 마무리를 하고 떠나야 해서 확인할 사항이 많았다. 공법 확인과 관련해서는 용역 작업에 적합한 기준작업서description of manufacturing(DOM)를 작성해서 계약서에 첨부하고 실제 작업 시 기술을 전수받기로 했다. 그리고 티타늄 판재를 초소성가공 조건으로 제조하는 원천 기술 도입은 다음으로 미루고 이번 용역에서 소재를 공급받아 사용하기로 했다. 기술 수출 허가 관련 사항은 계약자가 자국

법에 따라 처리한다는 조건도 붙였다. 계약 전 기술 협의 내용은 양사가 합의했는데 회사의 결재를 받아 정부연구소에 견적서를 제출하면 되었다. 이렇게 해서 우리는 꿈도 못 꾸던 새 기술을 도입하게 되었다.

그때 일을 떠올리면 나는 칼 세이건의 『코스모스』의 한 구절을 이해할 수 있을 것 같다.

"만일 누군가가 절대 불변의 행성에 살고 있다면, 그가 할 일은 정말 아무것도 없을 것이다. 아예 생각할 필요가 없기 때문이다. 그런 세계에서는 과학하려는 마음이 일지 않을 것이다. 반대로 또 하나의 극단인 아무것도 예측할 수 없는 세상을 상상할 수 있다. 변화가 지극히 무작위적이거나 지나치게 복잡해서 생각해봤자 별수 없는 처지라면, 그런 세상 역시 과학이 존재하지 않을 것이다. 그러나 우리가 사는 세상은 이 두 극단의 중간 어디쯤엔가 있다. 사물의 변화가 있되 그 변화는 어떤 패턴이나 규칙을 따른다. 흔히들 만물의 변화는 자연의 법칙을 따른다고 한다. 허공에 집어던진 막대기는 반드시 땅으로 다시 떨어지고, 서쪽 지평선 아래로 떨어진 해는 반드시 이튿날 아침 동쪽 하늘에 다시 떠오른다. 세상에는 우리가 생각해보면 알아낼 수 있는 일이 많이 있다. 그렇기 때문에 과학이 가능하고, 과학이 밝혀낸 지식을 이용하여 우리는 우리의 삶을 발전시킬 수 있는 것이다."

⊕ 구형 압력용기

이런 유형의 용기는 고압 유체를 저장하는 데 적합하다. 구체는 매우 강력한 구조다. 내부 및 외부 모두에서 구 표면에 가해지는 응력의 균등 분포는 일반적으로 이 구조가 약점이 없음을 의미한다. 또한 다른 모든 형태의 용기보다 단위 부피당 표면적이 더 작다. 이것은 따뜻한 환경에서 구체 내의 액체로 전달되는 열량이 원통형 또는 직사각형 저장 용기의 열량보다 적다는 것을 의미한다. 하지만 구체는 다른 용기들보다 제조비용이 훨씬 비싸다.

| 구형 압력용기

32.
CNG 실린더 플랜트 수출 프로젝트

예전 회사에서 근무할 때 CNG 실린더 타입2에 소요되는 알루미늄 라이너 개발을 의뢰 받아 미국 LA에 있는 실린더 제조사에 견학을 다녀온 적이 있었다. 그곳은 알루미늄 소재 압출공장에서 필요한 사이즈(270~410밀리미터 외경)를 주문해 썼기 때문에 원자재 확보에는 아무 문제가 없었다. 원자재를 절단해서 앞과 뒤를 열간 스피닝으로 생산하는 공법을 택하고 있었다. 하지만 우리 회사가 수입하려 해도 값이 너무 고가인데다 소량 주문은 전혀 받지 않았다.

그래서 나는 압출 소재를 국내 소재업체에서 구매해 열간 단조 후 냉간 드로잉 공법을 채택하는 내용으로 견적서를 작성해 제출했다. CNG 실린더 타입2는 알루미늄 라이너의 외부 전체에 파이버그라스 와이어를 감아 쓰는 공법으로 되어 있는데, 라이너 제조에 대한 규제는 별로 특별한 것이 없었다. 그런데 제시한 견적서에서 바닥이 막힌 것과, 한쪽만 스피닝하는 공법을 택한 것에 대해 지적을 받았다. 나는 바닥이 단조로 성형되어 조직이 치밀하고 강도도 규격에 일치한다고 했고, 또 한쪽만 스피닝하는 것이 강도와 원가 측면에서 이익이라고 설명했다. 그래서 곧 승인을 받아 생산에 착수할 수 있었다. 그 사업은 정부연구소가 주관하고 파이버그라스 업체가 개발 주 업체여서 따라가기만 사업 진행도 문제가 없었다.

일반적으로 자동차에 사용되는 LPG 가스는 액체 상태로 LPG 실린더(압력용기)에 저장, 운용된다. 그런데 당시 외국에서는 LPG(액화석유가스)와 CNG(압축천연가스)를 같이 쓰는 추세였고 우리나라도 관련 법규가 시행되어 막 시작할 단계였다.

CNG는 -160도씨 이하에서 액화되고 일반 차량에는 기체 상태로 저장해야 하므로 필요한 양을 $210 kg/cm^2$ 압력으로 저장하는 CNG 실린더를 사용해야 한다. 시중의 일반 산소 용기의 압력이 $130 kg/cm^2$인 것을 감안하면 상당히 높은 수준의 압력이다. 그래서 제조 기술력이 높아야 하고 국가 검정시스템이 운용되어야 한다.

본래 CNG는 휘발유, 디젤, LPG 등을 대신해 사용할 수 있는 연료다. CNG 연소는 다른 연료들보다 해로운 가스를 덜 생성한다. 또 천연가스는 공기보다 가볍고 방출될 때 빠르게 흩어지기 때문에 사고 시 다른 연료보다 안전하다. CNG는 석유 매장지에서 발견되거나 바이오 가스 발생지인 매립지 또는 폐수처리장에서 수집된다.

CNG는 천연가스를, 표준 대기압에서 차지하는 부피의 1퍼센트 미만으로 압축해 만든다. 또한 20~25MPa(2900~3600p-si)의 압력으로 단단한 용기에 저장하며 용기의 모양은 원통형이나 구형이다.

Top ten countries with the largest NGV vehicle fleets – 2013

(millions)

Rank	Country	registered fleet	Rank	Country	registered fleet
1	Iran	3.50	6	Italy	0.82
2	Pakistan	2.79	7	Colombia	0.46
3	Argentina	2.28	8	Uzbekistan	0.45
4	Brazli	1.75	9	Thailand	0.42
5	China	1.58	10	Indonesia	0.38
World Total = 18.09 million NGV vehicles					

위의 표에서 생산량은 타입1부터 타입4까지 모든 실린더 종류를 포함한다. 각 종류별 실린더의 조직 구성을 볼 때 타입

1은 강철 실린더이고, 타입2는 강철에 섬유를 합성한 실린더다. 타입3은 스틸과 알루미늄에 섬유까지 합성한 실린더이고, 타입4는 복합재료(파이버그라스) 실린더다.

나는 정년을 맞이해 프레스메이커라는 회사로 자리를 옮겼다. 굳이 내가 라인에 들어가지 않아도 되는 규모의 회사여서 고문 역할을 하며 스스로 일을 만들어야 했는데 어느 날 내 블로그에 오퍼상이 찾아왔다. 그리고 외국에서 CNG 실린더 플랜트(천연가스 압력용기 공장) 수출 오더를 받았는데 가능하느냐고 질문을 해왔다. 나는 가능하니 언제든지 만나서 이야기하자고 했고 결국 대전 본사로 찾아온 그에게서 아래와 같은 내용의 프로포절 요청서를 받았다.

*요청서

1. 품명: 스틸 CNG 실린더 플랜트

2. 국가명: 이란

3. 생산능력: 100,000ea/250day/year

4. 생산품명: 스틸 CNG 실린더 타입1(full steel)

5. 생산 공법: 열간 단조공법(closed bottom)

6. 계약 방법: 턴키 베이스(공장 장비 설치, 초도 생산 및 기술 전수 조건)이며 계약자의 도면에 의한 공장 건물 건축, 전기 외

부공사, 설비공사 등은 바이어 담당(계약에 포함되지 않은 모든 것)

7. 기술료는 별도 표시

8. 계약 전 바이어 사이트에서 기술 및 상업 사항을 협의 결정하고 계약은 현지에서 함

9. 기타 계약 전후의 문제점은 공동협의체에서 결정

우선 플랜트 수출국이 개인적으로 매우 흥미로운 나라였다. 예전에 방산 관련 업무로 인해 아랍에미리트와 이스라엘을 한 번씩 다녀와서 중동에 관해 조금 알기 때문이었다. 어쨌든 나는 서둘러 아래와 같이 프로포절을 작성했다.

＊프로포절

이 프로포절은 턴키 베이스에서의 스틸 CNG 가스 실린더 양산을 위한 완벽한 플랜트를 위해 작성되었다. 따라서 각 생산 공정을 위한 모든 기계 및 공구를 다 포함하는데 그 내역은 다음과 같다.

1. 원료: 우리는 ASTM A576-90b 사양에 명시된 강철 로드, 탄소, 열간 가공 특수강, AISI 4340 등급을 원료로 사용할 것이다. 우리는 주문과 동시에 탄소강 빌렛을 공급받을 수

있다. 강철 CNG 가스 실린더 생산에는 AISI 4340(JIS, KS SCM4340) 등급을 사용할 것이다.

2. 절단 공정: 우리는 한국의 동일 공정에서 사용되는 밴드 톱 기계를 사용할 것이다. 로딩, 언로딩 컨베이어와 호이스트, 로드 저울 같은 기타 장비는 기계 목록에 설명되어 있다.

3. 가열 공정: 기름 가열로, 가스 가열로, 전기 가열로, 전기유도 가열로 등 단조 공정에 사용되는 가열 설비에는 여러 가지가 있다. 우리는 쉬운 제어와 정확한 가열 온도를 얻기 위해 전기유도 가열로를 제안한다. 유도 빌렛 히터에는 빌렛 가열 온도 측정 장치와 로딩, 언 로딩 장치도 있다.

4. 가열 빌렛의 스케일 제거: 가열 빌렛은 가열 과정에서 금속 단조 결함 중 하나인 스케일을 갖게 된다. 따라서 단조 공정 전에 이 스케일을 제거해야 하는데 진동 및 고압의 워터 샤워 시스템을 사용한다.

5. 열간 단조 및 핫 드로잉 공정: 우리의 프로세스는 핫 컵과 핫 단조법이다. 단조 프레스는 하나의 메인 피어싱 유닛과 하나의 드로잉 유닛으로 구성된다. 우리는 자동으로 열간 단조 및 핫 드로우 공정을 통해 실린더를 생산할 수 있다. 다음은 단조 공정의 단계별 설명인데 매우 쉽고 간단하다.

→가열기에서 소재 가열 →제거기에서 스켈 깨끗이 제거

→리프트를 이용해 단조금형에 장입 →업셋, 피어싱 단조 작업 실시 →드로잉 공정으로 이동 →드로잉 작업 후 작업 완료

이 핫 컵 및 핫 드로우 방식은 뛰어난 벽두께 편차, 미세한 치수 정확도, 최대 20퍼센트의 재료비 절감 및 순수 형태의 금속 흐름 등을 비롯한 많은 우수성을 갖고 있다. 단조 분야에서의 최첨단 기술이다.

6. 담금질 및 템퍼링(열처리): 유로 표준에 의한 스틸 CNG 가스 실린더의 규격에 맞는 기계적 성질을 만들기 위해 열간 단조 공정 후 담금질 및 템퍼링 공정이 필요하다. 그래서 우리는 전력으로 가열하는 열처리로인 컨베이어식 연속 비산화로를 제안한다.

7. 단조 부품의 디스케일링: 공정 단조 및 열처리 공정을 거친 후, 단조 부품은 몸체의 내부와 외부에 많은 스케일이 생기므로 이것을 제거하기 위한 기계가 필요하다. 일반적으로 우리는 샷 브라스트 머신shot blast machine을 사용해 스케일 제거 작업을 한다.

8. 가스 실린더 스핀 넥킹spin necking: 성형될 튜브의 단부는 유도 코일을 사용하여 기계의 작동 온도로 예열한다. 자동 로더는 부품을 중공 스핀들 안으로 공급하며 이 부분은 척킹

chucking 시스템에 위치해 유지된다. 스핀들이 제어된 속도로 회전하면 성형 작업은 대형 베어링에서 작동하는 선회 슬라이드에 장착된 롤러 또는 패드로 수행된다. 성형 장치의 동작 및 속도는 CNC를 사용하여 필요에 따라 제어하고 최적화한다. 슬라이드의 선회 동작에 의해 성형 장치는 공정의 각 단계에서 형성될 부분에 대해 정확한 접근 각도로 유지된다. 성형 중의 열 손실은 형성되는 부분에 대해 가스버너를 사용해 보충한다. 완료되면 성형된 부품이 자동으로 언로드 된 스핀들에서 배출된다. 이렇게 하면 기계 작업 영역에서 완성된 부품이 추출되어 후처리 공정을 위해 컨베이어 시스템으로 이송된다.

9. 유지 보수 시설: 단조 공구 수리와 설비 정비를 위한 유지보수 시설이 필요하다. 그래서 우리는 고속 선반, 테이블 그라인더, 전기 및 산소 용접기가 설치된 정비실을 만들 것을 제안한다.

계약서 포함사항

1. 가격 인보이스 및 기술제안서(건물, 유틸리티, 장비 설치 배치도 등 포함)

2. 공구와 기타

3. 공정흐름도

4. 기술 파라미터(CNG 실린더)

5. 업무 구분(계약자와 바이어)

6. 납기 및 일정계획서

7. 장비 명세서

8. 기술 전수 명세서

9. 프로젝트 비용과 평가

나는 작성한 프로포절을 오퍼상에게 메일로 보내놓고 설명을 위한 미팅 준비를 해달라고 요구했다. 일주일 후 그는 약속 날짜를 잡았으니 그날 같이 출장을 가자고 연락을 해왔다. 아랍에미리트 항공을 타고 두바이에서 환승하여 테헤란으로 가는 스케줄이었다. 며칠 뒤, 오퍼상 윤 사장과 나, 단 둘이 이란 땅을 밟았고 그곳에는 윤 사장의 파트너인 무하마드 씨가 마중을 나와 있었다. 우리는 인사를 나눴고 마침 식사시간이어서 전통 메뉴인 케밥을 먹었다. 꽤 훌륭한 맛이었다.

우리는 바이어 회사로 가서 회사 소개를 받고 종합회의실로 안내되었다. 많은 사람이 모여 우리를 환영해줘서 상당히 놀랐다. 그들은 내게 뭔가를 배우려고 기다리는 학생 같았다.

나는 한국에서 포탄을 생산하는 회사에서 오래 근무한 공학자라고 스스로를 소개한 뒤, 스틸 탄체 제조 기술이 실린더 기술과 비슷하며 내가 정부사업으로 타입2(순수 알루미늄 실린더)를 생산해 성공한 경험을 갖고 있다고 밝혔다. 그리고서 노트북으로 스크린에 준비된 제안서를 비춰가며 프레젠테이션을 했다. 당시 내 프레젠테이션에 대해 나온 질문과 대답은 아래와 같다.

1. 튜브 공법과 단조 공법의 차이는 무엇인가?

튜브 공법은 원자재가 고압 튜브여서 가격이 비싸고 메이커 회사가 전략적으로 운영하고 있으면 끌려다니기 십상이다. 그리고 바닥을 열간 스피닝 공법으로 크로스를 해서 안전에 문제가 있다. 지금까지 사고로 인명 피해까지 난 제품은 모두 튜브 타입이다. 반면 단조 공법은 원자재로 압연된 빌렛을 사용하니 고압 튜브보다 가격이 싸고 메이커가 전략적으로 운영할 수 없어서 골라 살 수 있다. 바닥은 단조 공법으로 만들고 두부만 스피닝을 하면 되기 때문에 초기 단조 설비 투자비가 크긴 하지만 모두 상쇄할 수 있다.

2. 단조와 드로잉 공법의 신뢰성

핫 컵, 핫 드로잉 공법은 우리 팀의 메이저 기술로서 현재 한국

방위산업체의 탄체 제조기술로 보편화되어 있으며 특히 라인메탈의 장비와 기술은 이미 각 실린더 메이커에서 사용되고 있다.

3. 튜브 실린더 생산 공장이 많은데도 단조 공법 실린더를 생산해야 하는 이유는?

천연가스 고압 실린더 수요가 많아졌고 값싼 제품을 대량 생산해야 되기 때문이다. 이것은 귀사처럼 초기 투자비를 감당할 수 있는 기업만 실행할 수 있다. 프로포절에서 설명했지만 안전의 문제점은 초기 투자 시 고려되어야 하고 핫 컵 핫 드로잉 방법hot cup & hot drawing methods은 경제적이고 안전을 위해 검증된 공법이다.

4. 어떤 수준의 고압 실린더 제조와 운영 기술을 갖고 있나?

어느 나라든 고압 실린더를 차량에 운용하려면 국가가 제조와 운영에 대한 법령을 만들어야 하고 품질승인 조직과 능력을 갖추어야 한다. 한국은 KS규격으로 운영하고 있고 ISO(규격 ISO11439), Euro 규격 등으로도 검사를 받아 수출하고 있어서 세계적으로 안전한 고압 실린더를 만들고 운영하는 기술을 갖고 있다.

5. 품질 보증 방법은 무엇이냐?

우리는 기준작업법(생산기술), 장비 운전과 유지, 정비 기술, 품질

보증 체계와 인력교육을 운용할 것이며 귀사의 품질보증 팀과 함께 이란 정부로부터 생산 허가를 받는 것까지 책임질 것이다.

6. 단조 프레스 규격이 4500톤인데 힘은 충분한지?

단조의 힘을 계산하는 방법은 거의 표준화되어 있다. 즉석에서 계산으로 증명해보일 수 있으며 관련 업체에서도 똑같은 힘의 단조 프레스를 운용한다.

마지막으로 구매자 측에서 메이커 측 기술책임자가 질문에 성의 있게 답해줘 감사하다고 했다. 우리는 앞으로 몇 번 더 만나서 확인하기로 했다. 질문과 답변을 마치니 비로소 기분이 홀가분해졌다. 앞으로 질문은 개인적으로 진행될 것이고 현장에서도 따로 설명을 할 예정이어서 크게 문제될 것은 없었다.

33.
독서와 글쓰기

5년 동안 책을 읽은 다음 한 권의 책을 쓰기로 계획을 세웠
다. 열심히 책을 읽고 글쓰기를 연습하고 있다. 그러니 하루가,
한 달이, 일 년이 지루하지 않고 유수와 같이 흘러갔다. 흘러
만 가는 것이 아니고 지식과 정보를 채우면서 때로는 미소를,
열정을, 지루함도 느끼면서 공부하고 있다. 글쓰기를 위한 기
술 익히기에는 독서만큼 좋은 것이 없다고 하지 않았는가! 나
에게 누군가가 책 읽기가 그렇게도 좋으냐고 물어준다면 그렇
습니다! 라고 웃으면서 말할 수 있다. 한번은 친구 모임에 갔었
는데 너 요즘 책 많이 읽는다며 하기에 잘 읽고 있다고 답을
하는데 그러면 『노트르담의 꼽추』에서 노트르담Notre-Dame의
뜻이 무엇이냐고 물어본다. 나는 모른다고 했다. 웃고 넘어가기

에 돌아오면서 찾아보니 '성모 마리아'를 뜻한다. 확실히 공부
했다.

정년을 지나니 지나온 길을 돌이켜 볼 수도 있고 주위에서
매우 급한 일도 없어졌다. 그리고 어디에 매여 출근해야 하는
일도 없다. 나만의 시간을 가져도 될 만큼 가족들도 내 도움이
필요한 시기는 지났다. 아들들도 자기 길을 잘 가고 있고 손녀
손자도 이제 클만큼 컸고 공부도 잘하고 있다. 그러니까 여생
에 나만 잘 통제하면 아무 문제가 없을 것 같아서 스스로 세
울 수 있는 계획이 책 읽기와 책 쓰기였다. 전문적인 시나 소설
을 쓰는 것이 아니고 내가 걸어온 길에서 경험하고 얻은 지혜
를, 나만이 쓸 수 있는 나의 글을 쓰기는 그렇게 어렵지는 않
을 것 같아서 읽고, 쓰고 있다. 특히 조지 H. W. 부시 전 미국
대통령의 명연설을 들을 기회를 풍산 퇴직 임원 모임에서 얻
을 수 있었다. 그때 나는 60대 초반이었고 그분은 나보다 20살
이 더 많았다. 핵심은 "늙었다고 목표가 없으면 곧바로 죽을
수 있다"는 것이다. 내게 목표를 가진 삶을 영유할 수 있게 한
연설이었다. 그래서 책을 읽었다.

책을 어떻게 읽을 것인가?

책을 읽는데 왕도는 없으니 무조건 읽는 방법을 택했다. 그래서 책꽂이에 있는 책 중에서 한 권을 골랐는데 한승원의 『소설 원효』다. 1, 2, 3권으로 되어 있는 역사소설인데 분량이 많았지만 이야기가 있어서 지루하지 않게 일주일 만에 읽어낼 수 있었다. 2권까지는 집에 있었는데 3권을 구매하기 위해 광화문에 있는 교보문고를 찾아가야만 했다. 온라인 구매도 되는데 당장 읽고 싶은 욕구를 채우기 위해서 방문 구매 방법을 택했다. 책을 읽기 시작하면서 처음으로 구매한 책이 『소설 원효』 제3권이라는 기록도 세웠다. 지하철로 가면 광화문 교보와 우리 집은 한 시간이 조금 넘는 터라 오는 동안에 많이 읽을 수 있었다. 약간의 소음은 있지만, 지하철은 오가며 책을 읽을 수 있는 좋은 장소가 될 것 같았다.

원효는 설총의 아버지이며 신라 시대의 고승으로만 알고 있었다. 이번에 책을 읽으며 그보다 훨씬 많은 지식을 쌓을 수 있었다. 의상과 당나라 유학을 떠난 일, 출국을 기다리며 동굴 속에서 하룻밤을 지내면서 목이 말라 취한 물이 아침에 일어나 보니 해골에 고인 물이었다는 이야기, 그때 깨달음이 찾아와 모든 것은 내 마음속에 있는데 뭘 배우러 가느냐며 유학을 포기하고 돌아왔다는 사실 등은 약간의 재미를 더하기 위한 작가의 기술이 보이기도 했지만 없었던 일은 아니라는 것이다.

신라, 백제, 고구려가 평온하게 지내는데 당나라를 업고 삼국통일을 하겠다는 신라의 정책에 반기를 들고 나온 반전주의자, 파계를 통해 모든 것을 버리고 바람처럼 자유자재한 존재가 되어 민중과 함께 불국토 건설을 꿈꾸었던 사람이라는 것은 신선한 충격을 주기도 했다. 그리고 요석공주를 아내로 맞이하는 아래의 글은 더욱 재미를 더해준다.

"하루는 마음이 들떠 거리에 나가 노래하기를 '누가 자루 없는 도끼를 내게 주겠느냐, 내 하늘을 받칠 기둥을 깎으리로다 誰許沒柯斧, 我斫支天柱'라고 하니 사람들이 듣고 그 뜻을 몰랐으나, 태종무열왕이 이를 듣고 '대사가 귀부인을 얻어 슬기로운 아들을 낳고자 하는구나. 나라에 큰 현인이 있으면 이보다 더 좋은 일이 없을 것이다此師殆欲得, 貴婦産賢子之謂, 爾國有大賢 利莫大焉'라며 요석궁의 홀로된 둘째 공주(흔히 요석공주)를 짝 되게 하니, 과연 공주가 아이를 배어 설총을 낳았다."

집에 있는 책으로 무조건 읽기 시작했는데 엄청 다양한 지식을 갖게 됨을 발견하고 이렇게만 하면 무엇이 되어도 하나는 되겠다 싶어 도서관으로 책 읽는 자리를 옮겨 정했다. 우선 도서관에는 많은 책이 있다. 그리고 책을 읽기 위한 장소이니 책을 읽을 마음을 스스로 다스리기에 충분한 장소다. 이 많은 책을 모두 읽지는 못하겠지만 그래도 욕심을 내보기로 한다. 책의 선정은 신문에도 나오고 인터넷으로도 알 수 있고 책을 읽다 보면 책에서도 알려준다. 그리고 명작으로 들어온 책들만 해도 엄청 많으니 책의 선정은 문제 될 것이 없다.

세계문학 전집을 읽기 시작했다. 물론 고전이다. 주로 유럽 선진국에서 발행된 책들이니 책의 이야기와 함께 나오는 서양 역사도 읽고 알 수 있다. 새로운 내용과 현인들이 남기고 간 말씀들을 적기 시작했다. 필사를 시작한 것이다. 필사를 하니 내가 틀린 맞춤법의 교정도 된다. 일부러 얇은 노트를 정했다. 한 권이 끝나고 두 권이 시작되면 볼펜 잉크가 닳는 것을 볼 수 있다. 놀라운 일이 아닐 수 없었다. 볼펜 잉크가 소모되어 새 볼펜으로 바꾸는 경험도 처음 해봤다. 세 권, 네 권의 필사를 하자 노트가 다 떨어져 문방구를 찾는 일도 생긴다. 어리고 젊었을 때 경험해보지 못한 일을 나이 들어 해보니 신기하기도 했다. 이 경험들은 장래에 독서에 관한 강의의 기회가 있을 때 도구의 하나가 되겠다고 생각하니 뭉클해오는 것이 내가 청년으로 돌아가는 기분이다.

독서하는 시간은 시작 단계여서 아침에 일어나서 2시간, 오전에 2시간, 오후에 2시간, 저녁에 2시간이면 하루 8~10시간을 읽는다. 책을 읽는 재미가 붙었는데 지루하지도 않고 소설 이야기의 끝을 보려고 밤을 지새울 수도 있다. 재미있는 책은 몰입의 단계로 가야만 작가가 내 옆에 있는 착각 속에서 그 내용에 근접하는 기쁨을 만끽할 수 있다. 그리고 책 읽기는 목표가 있어서 내가 세운 계획이고 내가 좋아하는 일을 하는 것이니 얼마나 즐겁겠는가?

중국 고전 읽기를 시작한다. 옛날에 읽어 본 『삼국지연의』를 도서관에서 선택했다. 여러 종류의 책 중에서 1, 2, 3권으로 된 책으로 선정했다. 이것도 유명한 역사소설이다. 내용도 대략은 기억할 만큼 유명하니 스토리를 따라가면서 연대도 익히면 재미나게 읽을 수 있다. 도원결의는 『삼국지연의』의 첫 대목이다. 황건적에 맞설 관군을 모집하는 방을 보고 난세를 탄식하던 돗자리 장수 유비에게 장비가 다가와 "사나이가 되어서 어찌 울기만 하고 있는가?"라고 물으면서 술집에 들어가서 술자리를 같이한다. 여기에 의용군에 지원하려던 관우가 합세, 함께 천하를 평정하자면서 그날로 바로 복숭아밭에 가서 의형제를 맺고 황건적과 싸울 의병을 일으킨다. 덤으로 탁군의 청년 수백 명도 함께 도원에서 술을 마시고 의병이 되었다. 『삼국지연의』는『수호전』『서유기』『홍루몽』과 함께 중국 4대 기서로 꼽힌다.

한국 고전을 읽기 시작한다. 연암 박지원의『열하일기』는 고전평론가인 고미숙의 강의와 청년들을 위한 해설서부터 시작한다. 1780년(정조 4) 44세 때 처남 이재성의 집에 머물고 있다가 삼종형 진하사 박명원朴明源을 따라 북경에 갔다. 1780년 6월 25일 출발하여 압록강을 거쳐 베이징에 도착했다. 이때 건륭제가 열하熱河라는 지역에서 피서를 즐기고 있었기 때문에, 박지원은 일행과 함께 청나라 황제의 여름 별궁이 있는 열하까지 갔다. 이 과정에서 중국의 발달한 사회를 보고 실학에 뜻을 두게 된다. 그의 대표작『열하일기』는 이때의 견문을 기록한 것으로, 이용후생에 관한 그의 구체적 견해가 담겨 있다.

북학北學의 큰 뜻

당시 조선의 지배계층인 성리학자들의 시각에서 볼 때 청나라는 오랑캐인 여진족이 세운 야만국에 불과했다. 그들은 "오늘날 중국을 통치하는 자는 오랑캐다. 그들에게 학문을 배운다는 것이 나는 부끄럽다"라고 여겼다. 더욱이 멸망한 명나라에 대한 춘추 의리와 병자호란의 치욕을 씻는다는 북벌론에 사로잡혀 최고의 전성기를 구가하고 있는 청나라의 현실을 철저하게 외면했다. 그러나 박지원이 활동한 18세기 중·후반 청나라는 이미 '강희제-건륭제의 융성기'를 거치면서 세계 제일의 경제력과 군사력은 물론 선진 문명과 과학기술까지 보유한 초강대국이었다. 박지원을 중심으로 한 북학파는 이렇듯 세계적인 제국으로 발돋움하는 청나라를 배척하는 풍조가 조선을 더욱 궁색하고 누추하게 만드는 근본 원인이라고 여겼다.

일본 문학을 읽기 시작한다. 『료마가 간다』는 청년 문학 최장기 베스트셀러다. 사상 초유 1000만 부 돌파! 검 하나로 어지러운 세상을 꿰뚫는 역사적 청년 영웅 사카모토 료마. 번과 막부의 문을 닫고 '새로운 일본' 건국을 꿈꾼다는 출판사의 소개도 읽는다.

"사람이 인생을 사는 데 있어서 자기가 세운 한 뜻을 이룰 수 있다면 그것으로 충분치 않은가?"_ 사카모토 료마

소설 『도쿠가와 이에야스』에도 도전했다. 1950년 3월부터 1967년 4월까지 『홋카이도신문』『도쿄신문』『주니치신문』『니시일본신문』에 연재된 야마오카 소하치山岡莊八의 소설이다.

주인공 도쿠가와 이에야스德川家康(1543~1616)의 생모인 오다이의 혼담부터 이에야스의 사망 시점에 이르는 70여 년을 그리고 있다. 완성을 위해 사용된 원고지는 400자 원고지 1만 7400매에 달한다. 조정래의 『태백산맥』 두 배 분량이다.

야마오카는 제2차 세계대전 중 종군 작가로 많은 특공대원을 취재한 경험이 있었다. 그때, 느낀 일본의 존속이나 세계 평화의 기원을 마음속에 간직해뒀다가, 도쿠가와 이에야스가 원했던 '태평泰平'에 그 마음을 겹쳐서 글을 썼다.

연재 당시에는 이 작품의 골격인 '신흥의 오다織田 가와 초대국인 이마가와今川 가 사이에 끼어, 독립도 뜻대로 되지 않는 마쓰다이라松平 가의 고난과 발전'을 당시 일본의 모습에 겹쳐서 생각하는 독자도 많았다고 한다. 또한, 메이지 이후 일반적으로 퍼져 있던 '너구리 영감 이에야스'라는 이미지를 많이 개선시켰다. '전쟁 없는 세상을 만들고자 진지하게 노력하는 이에야스' '어떻게든 오사카 전투를 피해 도요토미 히데요리의 목숨을 살려주려는 이에야스' '황실을 공경하는 생각이 두터운 이에야스'의 이미지를 만들어낸 것이다. 나중에는 비즈니스 서적으로 분류되면서 경영자의 교과서 같은 대우를 받고 있다. 프로레슬러 자이언트 바바, 만화가 요코야마 미쓰테루 등 각계의 저명인사도 애독한 책이다.

한국에서는 1970년『대망大望』(전12권)이라는 제목으로 번역되어 대박 작품이 되었고, 2000년『도쿠가와 이에야스』(전32권)라는 원 제목으로 재번역되었다. 그 외 중국에서도 2007년 가을에 발행한 이후 200만 부가 팔린 인기도서가 되었다.

한국 근대소설을 읽는다. 박경리의『토지』는 대하소설이다. 대하소설은 대개 원고지 분량 700매 정도로 분류하는 장편소설 이상의 길이를 가지고 있는 소설로, 길이가 매우 길며 다수의 등장인물이 나타나서 복잡한 전개를 이룬다. 권수로 치면 대개 3권 이상이다. 주로 역사소설 장르에서 대하소설이 많이 나왔지만, 판타지나 무협, SF에서도 대하소설이 많이 나오는 추세다. 등장인물이 많고 복잡한 대하소설은 줄거리를 제대로 기억하기 어려우므로 일일이 등장인물을 메모해가면서 읽는 사례도 있다.

『토지』는 최 참판 일가와 이용 일가의 가족사를 중심으로 한 3대 구성의 가족사 소설이라 할 수 있고 또한 작중 모든 인물은 이 두 집안과 직간접적으로 인연을 맺고 있다. 윤씨 부인(최치수, 별당 아씨, 구천이 김환), 최서희(김길상), (최환국, 윤국 형제), 이양현으로 이어지는 최참판댁 여자들의 역사와 이용-이홍-이상의로 이어지는 남자들의 이야기이면서도 결국은 여자로 수렴되는 이용 일가의 역사를 중심으로 그 내용은 구한말부터 일제강점기를 지나 광복까지를 다루고 있다. 등장인물을 집계하면 삼국지보다는 적긴 하지만 사전을 만들어야 할 정도며 이름만 등장하는 인물들까지 모두 합하면 600여 명이지만, 이 많은 등장인물은 거의 모두 가상인물이며, 실존 인물은 강우규 의사 1명뿐이다. 나머지 실존 인물들은 배경 설명으로 이름만 언급되는 수준이다.

『태백산맥』은 조정래의 대하소설이다. 1983년 9월부터 월간 『현대문학』에 연재되기 시작해 1986년 제1부 3권, 1987년 제2부 2권, 1988년 제3부 2권, 1989년 제4부 3권이 한길사에서 출간되었고 이후 해냄에서 다시 발간되었다. 원고지 1만 5700매 분량이다. '태백산맥'이란 제목은 한민족을 상징한다. 광복 이후부터 한국전쟁이 휴전으로 끝맺기까지, 전라남도 보성군 벌교읍을 주된 무대로 하여 한국 근현대사를 본격적으로 조명한 소설이다. 등장인물 거의 전부가 이곳 벌교 출신이며 사건 대부분이 여기에서 벌어진다.

여순반란사건이 종결된 직후부터 1948년 12월 빨치산 부대가 율어 지역을 해방구로 장악하는 데까지의 과정이 그려져 있다. 소설의 첫 장면은 1948년 10월 24일 밤이다. 여순 사건과 함께 좌익에 의해 장악되었던 벌교가 다시 진압 세력인 군경의 수중에 들어가자, 좌익 반란군들은 산속으로 퇴각한다. 이때 정하섭이 상부의 밀명을 받고 벌교로 잠입한다. 그는 마을에서 외따로 떨어진 현 씨네 제각에서 사는 무당 딸 소화를 이용한다.

소화는 정하섭의 요구를 모두 받아들이며 감시를 피해 정하섭의 심부름꾼 노릇을 하게 된다. 그리고 둘 사이에 사랑이 싹튼다. 불과 나흘 전만 해도 벌교는 좌익의 수중에 있었지만, 여수에서 국군 14연대가 반란을 일으키자, 이를 거점으로 하여 좌익 반군들이 순천까지 그 세력이 확대하게 된다. 남로당 조직에 연결되어 있던 벌교 지역 좌익 세력들이 반군에 합세하여 벌교를 장악한 것은 1948년 10월 20일이다. 그러나 이들은 사흘을 견디지 못하고 군경 진압군에 의해 밀려서 벌교를 포기하고 산속으로 퇴각하게 된 것이다.

벌교를 장악했던 군당 위원장 염상진은 하대치, 안창민 등과 함께 조계산으로 쫓겨 가게 되었지만, 진압군의 세력이 미치지 못하는 궁벽한 율어면을 점거한다. 그리고 그들은 이 지역에서 토지개혁을 한 후 그곳을 해방구로 선포하고 조직과 세력을 정비하게 된다.

대하소설은 많은 사람이 등장하므로 나오는 사람들의 인물 특성과 역할들을 정리하면서 매 권 읽기를 끝내면 이야기의 줄거리를 서너 줄의 분량으로 요약해두고 다음 권을 읽기 전에 주인공들과 전체적인 내용을 조감하면서 줄거리를 이어가야만 재미를 더할 수 있다. 내용의 반 정도를 읽고 나면 결말의 예상과 작가들의 천재성에 반하면서 새벽닭이 울 때까지 시간 가는 줄 모르는 몰입의 상태가 유지된다. 이렇게 해야 독서를 계속할 수 있고 가장 중요한 독서의 습관을 이룰 수 있다.

책 읽기가 그렇게 녹록치는 않다. 계속 재미로 읽을 수는 없는 것이다. 독서했으면 머리에 쌓이는 지식과 정보를 가슴까지 끌어내려 소통하고 글쓰기로 표현해야 한다. 그리고 자신의 소기 목적을 이루기 위하여 한 걸음씩 다가가는 것이 보이도록 읽어야 한다. 나의 책 읽기 목적은 책 읽기가 습관이 되어야만 이루어질 수 있다. 읽고 쓰는 것을 반복해야 습관화가 이루어진다.

이렇게 책을 무작위로 많이 읽고 보니 교양이 많아지고 무언가를 표현하려는 자신감이 붙기도 하는데, 여기까지 오는데 3년이 걸렸고 1000권의 책을 읽었다. 그러니까 책은 짧은 시간에 많이 읽어 독서의 습관도 기르고 글을 쓸 수 있는 기술을 기르면 좋다.

독서하면서 나는 많은 것을 얻었다. 그중에서도 초등학교

6학년인 손주에게서 다음과 같은 편지를 받은 것에 대한 나의 만족감은 어디에 비교해야 할지 모를 만큼 황홀하다. 할아버지에게 힘을 북돋아준 것에 대한 고마움을 어떻게 설명할 수 있을까. 할아버지가 책을 한 권 내고 그것을 자격증으로 하여 도서관에서 강의함으로써 손주가 바라는 보루를 지켜야만 할 것이다.

"사랑하는 할아버지께!
할아버지 생신 축하드려요, 사랑해요.
우리 집에 자주 와주셔서 정말 감사해요.
항상 책을 읽고 있는 할아버지가 놀라워요.
저도 본받아서 훌륭한 사람이 될게요.
정말 감사하고 사랑해요.♡
2017년 3월 30일 목요일 래원 올림"

나의 영특한 손주를 『열하일기』의 박지원이 보았다면 아래와 같은 일화를 떠올릴지도 모르기에 아래와 같이 소개한다.

"내가 일부러 길을 막고 서 있으니 아이는 놀라거나 겁도 내지 않고 앞으로 와서 공손히 절하고 땅에 꿇어앉아 머리를 조아린다. 내가 황급히 손으로 끌어안아 일으켜 세우니, 제일 뒤한 노인이 멀찍이 따라오면서 웃음을 짓고는 '그놈은 이 사람의 손주입니다. 영감께서 이 애를 아끼고 귀여워해주시니 참으로 부끄럽습니다. 이 늙은이가 무슨 복을 타고났는지?'라고하기에 내가 물었다.

'손자는 몇 살입니까?' 아이가 손으로 나이를 꼽으며

'아홉 살입니다' 하고 답한다. 성명을 물으니,

'제 성은 사諰입니다'라며 공손히 답하고는 신발 속에서 작은쇠칼을 꺼내 땅에다 쓰기를, '효 孝란 백가지 행실의 근원이고, 수壽는 오복의 으뜸입니다. 할아버지께서 제가 사람의 자식으로 효도하기를 바라시고, 또 첫째로 장수하기를 빌어서두 글자를 합하여 아명을 효수孝壽라고 지으셨습니다' 한다.

나도 모르게 경이로운 생각이 들어 몇 마디 물었다.

'너는 지금 어떤 책을 읽고 있느냐?'

'두 책은 읽었으며, 바야흐로 『논어』「학이學而」편을 읽고 있습

니다.'

'두 책이라니?'

'『대학』과 『중용』 말입니다.'

'이미 강의를 받았단 말이냐?'

'두 책은 단지 외우기만 했고 『논어』는 이제 강의를 들었습니다. 어르신께서는 성씨가 어떻게 되십니까?'

'내 성은 박朴이니라.'

'『백가원』이란 책에는 박씨 성이 없사옵니다' 하고 또박또박 답을 한다.

노인은 내가 자기의 손자를 아끼며 칭찬하는 것을 보고 얼굴 가득 희죽 웃으며, '고려 어르신께서 부처님 같은 성격을 지녔습니다. 응당 슬하에 봉황과 기린 같이 귀한 아드님과 손자들이 있을 터인데, 아마도 그들을 생각하시다가 우리 손자를 너무 귀여워하시는 게죠'라고 했기에 나는, '제 나이가 많긴 하지만 아직 손자를 안아보지도 못했습니다. 영감님은 올해 몇이십니까?' 물으니 그는, '헛되게 나이만 쉰여덟을 먹었습니다' 한다."(『열하일기』, 돌베개)

이제 세계적으로 소설과 관련 역사 공부를 했으니 제조업으로 성공한 유명 재벌들의 삶과 세상의 도전에 어떻게 응전했는지가 궁금해졌다. 누구보다도 유명한 정주영, 이병철, 김우중, 박태준, 이건희 등의 기업인들의 걸어온 길을 알아봐야 할 것 같다.

정주영 씨는 자동차 정비공장으로부터 시작하여 현대자동차를 세워 오늘에 이르기까지 이끌어온 뚝심의 사나이로 불려왔다. 자동차 산업이 연간 생산 500만 대를 달성해 세계 5위로 올라설 수 있도록 기반을 세운 것이다. 그리고 서산 갯벌을 막는 국가적인 사업을 마무리짓는데 밀물과 썰물의 물살이 빨라 마지막 마무리를 못 하고 있다는 보고를 받고 현장에서 폐선으로 막자는 아이디어를 떠올렸다. 마지막 둑의 폭보다 길고 무게가 많이 나가는 외국 폐선을 끌고 오라는 지시를 내린 것이다. 이런 내용은 신문 지상의 뉴스로는 알고 있었지만 실제로 책에서 읽으니 과연 뚝심의 기업인 모습이 더욱 생생하게 다가왔다.

UN 묘지에 얽힌 이야기도 있다. 한국전쟁 당시 미국 대통령 아이젠하워가 한국을 방문하여 유엔 묘지를 방문할 예정이었으나, 유엔 묘지는 겨울에 시설도 변변치 못하여 살벌한 상태였다. UN사의 요청으로 겨울 잔디를 입혀야 하나 갑론을박이 되던 중에 정주영 회장은 묘안을 떠올렸다. 이 일로 유엔군과 미군사령부 고위 인사들은 깜짝 놀랐고, 이것은 현대건설의 발전 계기를 만들었다. 한겨울 추운 날씨에 어디서 잔디를 얻을 것인가? 결국은 겨울에도 새파란 보리밭에 착안하여 보리밭을 옮겨 심어서 위기를 기회로 바꿨다. 현대건설의 이름은 이때부터 미군들에게 각인이 되었다.

"자기를 나타내는 것보다 조직 자체를 키우고, 조직이 크는 것으로 만족을 느끼고, 눈에 잘 띄지 않지만 틀림없이 해내고, 자기의 공을 내세우기보다는 다른 사람의 공을 이야기하고, 자기 절제를 잘하고, 아랫사람을 키우는 사람이 회사에 필요한 사람이다."

"내 생각을 말하기 전에 남의 말을 먼저 들어라."

"내가 마음에 들지 않으면 쓰지 말 것이며, 내가 마음에 들어 쓴 사람은 끝까지 믿고 밀어줘라."

이상은 고 이병철 어록에서 나온 말이다. 오늘 되새겨보니 경청하라는 말과 좋아서 쓴 사람은 끝까지 밀어주라는 이야기는 실천하기는 어렵지만 좋은 이야기임은 분명하다. 김우중 씨의 어록을 보자. 1936년 대구에서 태어났다. 경기중학교, 경기고등학교를 거쳐 연세대학교 경제학과를 졸업했다. 현 기획재정부의 전신인 부흥부에서 일하다 대학 시절 장학금을 준 한

성실업에서 7년간 무역을 익히고 만 30세인 1967년에 대우를 설립했다.

"꿈은 곧 미래에 대한 확신이다. 자기 분야에 애정을 가지고 최선을 다하는 사람들을 보면 분명히 뭔가 다른 점이 있습니다. 그런 사람은 반드시 꿈을 지니고 있으며, 그것을 성취할 수 있다는 믿음을 가지고 있습니다. 많은 사람이 목표에 대해 도전도 하지 않고 쉽게 포기해버리는 이유는 바로 꿈이 없는 인생을 살아가기 때문입니다."

"어떻게 삶을 마무리할 것인가? 저는 선대로부터 아무것도 물려받은 것 없이 우연히 사업을 시작해서 오늘에 이르렀고, 이제 남은 일은 제가 가지고 있는 부를 다음 세대를 위해 어떻게 사회적으로 잘 활용하느냐, 즉 어떻게 돈을 잘 쓰는가 하는 것입니다."

박태준은 철강의 왕으로 살아왔다.

박태준은 1927년 10월 24일에 부산시 동래군 장안면 임랑리(현재의 부산광역시 기장군 장안읍 임랑리)에서 태어났다. 여섯 살 때 일본으로 건너가 그곳에서 성장했다. 1945년에 와세

다대학 기계공학과에 입학했으나 해방으로 학업을 중단한 후 귀국했다. 1948년 육군사관학교 6기로 입학하여 같은 해 육군 소위로 임관했다. 사관학교 생도 시절 제1중대장은 당시 탄도학 교관이었던 박정희 대위였다. 한국전쟁에 참전하여 충무무공훈장과 화랑무공훈장을 받았다. 박태준 어록은 풍부하고 많아서 아래에 인용해본다.

"철은 산업의 쌀이다. 싸고 좋은 품질의 철을 충분히 만들어 나라를 부강하게 하는 것. 이것이 곧 제철보국이다."

"사람은 미치광이라는 말을 들을 정도가 아니면 아무것도 이룰 수 없다."

"나는 많은 시간을 사람 문제에 골몰한다. 기업은 사람이 하는 것이고, 사람만이 창의력을 발휘할 수 있다."

"이 돈은 우리 조상님들의 피 값이다. 공사를 성공하지 못하면 우리 모두 다 우향우해서 저 포항 앞바다에 빠져 죽자."(대일청구권 자금으로 포항제철 건설에 나서면서)

"무엇인가를 이루려면 10년은 걸린다. 몇 날 밤이고 진지하게 10년 후의 청사진을 그려보라! 인생은 집을 짓는 것과 같아서 청사진이 나와야 주춧돌을 놓을 수 있다."

"이 땅에서 태어난 것 자체가 큰 인연이다. 나에게 일관 제철소 만드는 일이 주어졌을 때 나는 회피할 수 없는 사명감을 느꼈으며 경건한 마음으로 사업을 시작했다."

"각하, 불초 박태준, 각하의 명을 받은 지 25년 만에 포항제철 건설의 대역사를 성공적으로 완수하고 삼가 각하의 영전에 보고드립니다."(1992년 10월 3일 서울, 동작동 국립현충원 내 고 박정희 대통령 무덤 앞에서)

단조와 함께 한 나의 인생

초판인쇄　2025년 3월 21일
초판발행　2025년 3월 31일

지은이　　강남석
펴낸이　　강성민
편집장　　이은혜
마케팅　　정민호 박치우 한민아 이민경 박진희 황승현 김경언
브랜딩　　함유지 박민재 이송이 김희숙 박다솔 조다현 김하연 이준희

펴낸곳　　(주)글항아리 | 출판등록 2009년 1월 19일 제406-2009-000002호

주소　　　경기도 파주시 문발로 214-12, 4층
전자우편　bookpot@hanmail.net
전화번호　031-955-8869(마케팅) 031-941-5161(편집부)

ISBN　　979-11-6909-378-1 03550

www.geulhangari.com